U0183128

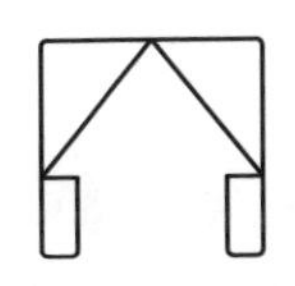

戴俭 主编

北　京　工　业　大　学
北京市历史建筑保护工程技术研究中心
木结构古建筑安全评估与灾害风险控制国家文物局重点科研基地
北 京 市 文 物 局 重 点 科 研 基 地

文化遗产预防性保护研究系列丛书

古建筑木构件FRP板隐蔽式修复加固技术

朱兆阳　戴俭　张涛　钱威/著

科 学 出 版 社
北　京

内 容 简 介

中国古建筑大木构件修缮加固的特殊之处在于，不仅要使其延年益寿，还要最大程度保护其价值。在文物保护从注重抢救性保护向抢救性与预防性保护并重转变的背景下，本书从古建筑保护工程的实际需求出发，针对北京古建筑大木构件，以无损、微创检测获取材性、力学及残损信息，准确评价古建筑木结构安全性为前提条件，以最小干预原则为指导，通过相关试验及理论研究，系统阐述了 FRP 板隐蔽式修缮加固的方法。此方法兼具不落架（采用原位加固）和隐蔽式、预防性、最大程度保护大木构件本体价值，以及微创式、定量加固、操作简便、速度快、综合成本低等优势。本书成果填补了国内相关研究领域的空白，其理论具有较高的实践应用价值。

本书适合建筑学、历史建筑保护工程专业的师生及古建筑保护领域的工程技术人员参考阅读。

图书在版编目（CIP）数据

古建筑木构件 FRP 板隐蔽式修复加固技术 / 朱兆阳等著. —北京：科学出版社，2023.4

（文化遗产预防性保护研究系列丛书 / 戴俭主编）

ISBN 978-7-03-075349-6

Ⅰ. ①古… Ⅱ. ①朱… Ⅲ. ①木结构－古建筑－修缮加固－研究 Ⅳ. ① TU366.2 ② TU746.3

中国国家版本馆 CIP 数据核字（2023）第 060634 号

责任编辑：吴书雷 / 责任校对：邹慧卿
责任印制：肖 兴 / 封面设计：张 放

科学出版社 出版
北京东黄城根北街 16 号
邮政编码：100717
http://www.sciencep.com

北京中科印刷有限公司 印刷
科学出版社发行 各地新华书店经销
*
2023 年 4 月第 一 版 开本：720×1000 1/16
2023 年 4 月第一次印刷 印张：12 1/2
字数：252 000

定价：188.00 元

（如有印装质量问题，我社负责调换）

前　言

中国古建筑木结构构件的修缮加固，不但要使其延年益寿，而且更重要的是应充分保护其价值。在当前的修缮加固工作中，仍然存在着草率“落架大修”、对残损构件盲目换新，以及选择加固措施时忽视其对古建筑价值的负面影响等突出问题。因此，在古建筑木结构构件修缮加固方式从“粗放作业”转为“精雕细琢”的背景下，以及在对传统技术充分认知的基础上，结合新技术对既有修缮加固方法进行改良与提升就具有重要的现实意义。

本书从总结古建筑木结构的构造特点和损坏规律，归纳古建筑修缮保护观念和原则及预防性保护理念的影响出发，梳理了古建筑木结构保护及修缮加固的相关规范，分析了古建筑木结构检测及修缮加固技术应用成果。继而根据木材FRP（Fiber Reinforced Plastic）界面粘结锚固试验、缩尺及足尺加固梁抗弯试验等一系列成果，应用理论分析及数值模拟方法，提出了适用于计算加固木梁极限承载力的数学模型和影响FRP板隐蔽式加固古建筑木梁抗弯性能的相关因素，并系统研究了基于最小干预原则的加固工法及操作流程。该加固技术既适用于木结构文物建筑，亦适用于同类型的历史建筑及现代木结构建筑。

本书的研究得到北京市自然科学基金（项目编号：8232006）、北京市文物局重点科研基地课题和北方工业大学科研启动基金等科研项目的资助，在此表示衷心的感谢。由于作者水平有限，书中难免存在疏漏和不足之处，敬请读者批评指正。

目　　录

第1章　绪论 1

1.1　研究背景 1

1.1.1　中国古建筑木结构的构造特点和损坏规律 2

1.1.2　中国古建筑修缮保护的观念和原则问题 5

1.1.3　预防性保护理念对中国古建筑修缮加固的影响 8

1.1.4　中国古建筑木结构保护及修缮加固的相关法律规范 10

1.1.5　中国古建筑木结构的现状勘测和检测技术 12

1.1.6　中国古建筑木结构的修缮加固技术 16

1.2　研究意义 17

1.3　国内外研究现状 18

1.3.1　古建筑木结构无损检测技术研究 18

1.3.2　FRP材料加固古建筑木构件技术研究 21

1.3.3　文献评述 26

1.4　本书的研究内容、研究目标以及拟解决的关键问题 26

1.4.1　研究内容 26

1.4.2　研究目标 27

1.4.3　拟解决的关键问题 27

1.5　拟采取的研究方案及可行性分析 28

1.5.1　研究思路与技术路线 28

1.5.2　研究方法 29

第2章　古建筑木结构勘查及修缮加固示例 30

2.1　示例一：佛光寺东大殿 30

2.1.1 佛光寺东大殿的测绘及残损检测 ······ 31
2.1.2 佛光寺东大殿的修缮加固策略 ······ 31
2.2 示例二：保国寺大殿 ······ 32
2.2.1 保国寺大殿的测绘 ······ 33
2.2.2 保国寺大殿的材性及残损检测 ······ 33
2.2.3 保国寺大殿构件的修缮加固 ······ 34
2.3 示例三：佛宫寺释迦塔 ······ 35
2.3.1 佛宫寺释迦塔的勘查 ······ 35
2.3.2 佛宫寺释迦塔的修缮加固 ······ 36
2.4 示例四：故宫中和殿 ······ 37
2.4.1 中和殿某断裂中金檩的勘查 ······ 38
2.4.2 中和殿某断裂中金檩的修缮加固 ······ 38
2.5 示例分析 ······ 38
2.6 本章小结 ······ 39

第3章 FRP板隐蔽式加固古建筑木梁的基础试验 ······ 41

3.1 木材、FRP板和碳板胶的材性试验 ······ 41
3.1.1 木材材料 ······ 41
3.1.2 FRP材料 ······ 52
3.1.3 粘接剂材料 ······ 53
3.2 表面嵌贴FRP板与古建筑木材的粘结锚固性能试验研究 ······ 54
3.2.1 试验设计与方法 ······ 55
3.2.2 试验结果与分析 ······ 59
3.2.3 粘结滑移本构模型 ······ 66
3.3 本章小结 ······ 66

第4章 FRP板隐蔽式加固古建筑缩尺木梁抗弯试验 ······ 69

4.1 CFRP、GFRP板隐蔽式加固古建筑缩尺木梁抗弯试验 ······ 69
4.1.1 试验设计与方法 ······ 69
4.1.2 试验结果与分析 ······ 76
4.2 本章小结 ······ 93

第5章　CFRP板隐蔽式加固古建筑残损木梁抗弯试验 ······ 94
5.1　CFRP板隐蔽式加固古建筑缩尺残损木梁抗弯试验 ······ 94
5.1.1　试验设计与方法 ······ 94
5.1.2　试验结果与分析 ······ 97
5.2　CFRP板隐蔽式加固古建筑足尺残损木梁抗弯试验 ······ 105
5.2.1　试验设计与方法 ······ 106
5.2.2　试验结果与分析 ······ 112
5.3　CFRP板隐蔽式加固古建筑足尺旧木梁抗弯试验 ······ 122
5.4　本章小结 ······ 124
第6章　FRP板隐蔽式加固古建筑木梁理论分析与数值模拟 ······ 126
6.1　FRP板隐蔽式加固古建筑木梁抗弯性能的理论分析 ······ 126
6.1.1　基本假定及加固木梁受弯破坏类型分析 ······ 126
6.1.2　木梁弯矩的计算模型 ······ 130
6.1.3　木梁挠度变形加固的计算模型 ······ 133
6.2　FRP板隐蔽式加固古建筑榫卯拼接木梁抗弯性能的数值模拟 ······ 136
6.2.1　数值仿真理论基础 ······ 136
6.2.2　有限元仿真 ······ 138
6.2.3　影响加固因素的敏感度分析 ······ 140
6.3　本章小结 ······ 143
第7章　FRP板隐蔽式加固古建筑木梁工法研究 ······ 144
7.1　古建筑木梁构件材料力学性能及内部缺陷的无损检测 ······ 144
7.2　古建筑木梁构件的安全性判定及价值判定 ······ 146
7.3　应用FRP板隐蔽式加固木构件的施工及验收要求 ······ 146
7.3.1　加固施工的一般规定 ······ 147
7.3.2　加固的施工准备 ······ 147
7.3.3　木梁构件的表面处理 ······ 148
7.3.4　粘贴FRP板 ······ 149
7.3.5　表面防护 ······ 149

7.3.6 施工安全和注意事项 149
7.3.7 检查验收 149
7.3.8 木构件刨口的防护处理 150
7.4 局部糟朽木梁的加固处理 150
7.5 弯垂木梁的加固处理 150
7.6 檩条的加固处理 151
7.7 古建筑木梁、枋构件加固后的监测 151
7.8 CFRP板隐蔽式加固古建筑木梁案例研究 152
7.8.1 研究思路与主要内容 152
7.8.2 制作安装足尺模型 152
7.8.3 加固工法实施 154
7.8.4 加固后性能评价 159
7.9 本章小结 162
第8章 结论与展望 164
8.1 主要研究成果 164
8.2 未来工作展望 167
参考文献 168
附录 Abaqus参数化计算脚本 175

第1章　绪　　论

1.1　研究背景

中国古建筑木结构具有悠久的历史和光辉的成就。中国以原始农业为主的经济方式，造就了其在文明演进中重选择、重采集、重储存的生活、生产方式，由此衍生发展出中国传统哲学——“天人合一”的宇宙观。“天人合一”是对人与自然关系的揭示：自然与人乃息息相通的整体，人是自然界的一部分。中国古人将木材选作主要建材，正是看重它与生命的亲和关系，由此发展出技术高超、艺术精湛、风格独特的木构建筑体系，不仅在世界建筑史上自成一体、独树一帜，而且也成了中国古代灿烂文化的重要部分。一座座优秀的中国古代建筑，犹如一部部凝固的音乐篇章，在给人美的享受的同时也激发人民爱国热情和民族自信心(图1-1)。诚如建筑大师梁思成先生所言：“中国建筑乃一独立之结构系统，历史悠长，散布区域辽阔……数千年来无遽变之迹，渗杂之象，一贯以其独特纯粹之木构系统，随我民族足迹所至，树立文化表志，都会边疆，无论其为一郡之雄，或一村之僻，其大小建置，或为我国人民居处之所托，或为我政治、宗教、国

图1-1　中国木结构古建筑：楼阁式和殿堂式

防、经济之所系，上自文化精神之重，下至服饰、车马、工艺、器用之细，无不与之息息相关。中国建筑之个性乃即我民族之性格，即我艺术及思想特殊之一部，非但在其结构本身之材质方法而已”[1]。

与此同时，社会的快速发展，城市的飞速扩张，环境的日益变化也让古建筑的保护面临前所未有的巨大危机与挑战。在古建筑木结构修缮加固工作中仍存在着草率“落架大修”、对残损构件盲目换新，以及选择加固措施时仅考虑结构安全性，而忽视对古建筑价值的负面影响等问题。“大拆大修”、“过度维修”不仅导致了古建筑本体价值信息的丧失，也违反了文物保护的基本原则，甚至会造成新的人为破坏（图1-2）。因此，如何在科学保护思想的指导下，借鉴先进的技术理念，探索适宜性的保护方法，以让这些珍贵的文化遗产延年益寿，应是每位文保科研工作者肩负的使命和奋斗的方向。

图1-2 古建筑的人为破坏

1.1.1 中国古建筑木结构的构造特点和损坏规律

中国的古建筑木结构，几千年来一脉相承，形成了特有的建筑艺术风格。木构架体系由柱、梁、枋、檩等木构件组成，柱是主要的承压构件，梁、枋是主要的受弯构件，屋面的木基层则由椽子、望板等构件组成。木构建筑的优点，如模数化的构件易于加工、便于组装、建造快捷，榫卯节点抗震性能优越等等。而作为社会历史文化的重要体现，与木构件浑然一体的雕刻、彩画、题记等元素也承载着大量的历史信息，是古建筑不可分割的组成部分（图1-3）。

图1-3 古建筑木梁上的彩画和木雕

木材属生物质材料，所以木构建筑的缺点也是与生俱来的，常见的材质损坏包括：腐朽、虫蛀、开裂、断裂或劈裂等（图1-4）。木构件的腐朽，主要发生在以下部位：一是柱子，如包砌在墙体内的木柱，长期处在潮湿的环境中，极易糟朽。木柱的糟朽，一般是从柱脚处和外表开始的，然后逐渐由外向内、由下而上，由轻而重，逐步发展。当柱子严重糟朽时，就会对整个木构架带来严重影响，如造成构架下沉，屋面变形漏雨；而屋面漏雨又会造成屋面木基层——望

图1-4 古建筑木构件的典型病害

板、椽子等构件糟朽，严重者还会波及木构架，造成大木构件（如梁、枋）的损坏。木柱糟朽还受到朝向的影响，如经常受雨水侵蚀的墙体（如东墙、南墙）更为潮湿，墙内柱子更易糟朽，这些会引起一侧的柱子下沉，从而导致建筑物倾斜。如北方地区建筑的西、北两面又易受西北风的影响，强大的风力作用，会加剧建筑物的倾斜，经年累月最终会造成房屋倒塌。二是屋面，由于木构件使用不合理，如檩子过细，梁枋截面过小，或天长日久木材力学性能退化导致构件挠曲变形，带来屋面变形，瓦面灰背开裂；再一种是由于檐头椽子翼角下垂变形，出现檐头下垂、屋面裂缝现象，特别是翼角部分更易出现此种现象，上述两种情况最终均可导致漏雨从而引起木构件的糟朽[2]。引发木柱及梁枋糟朽的还有一种情况，多见于修缮时用于替换旧构件的新木材，其含水率严重超标，由于表面地仗、彩画的密闭包裹，木构件内的水分难以蒸发，从而导致糟朽。使用含水率超标的木材还会在构件表面出现干缩开裂的问题。

木结构的损坏，除因漏雨、潮湿而造成的构件糟朽外，还有生物损害、物理损害、化学损害以及自然灾害（如台风、洪水、雷击、地震、失火）损害等。生物损害包括微生物损害和动物性损害两类。引起木材微生物损害和生物污染的微生物主要有木腐菌、变色菌、霉菌和细菌。其中木腐菌可使木材发生生物败坏，形成严重腐朽。木材微生物损害的机理是微生物产生的酶分解了木材的纤维素、半纤维素及木质素。木材的动物性损害主要是指蛀木甲虫和白蚁对木材的破坏。蛀木甲虫损害主要表现为虫眼和虫道的形式，而白蚁专门蛀食木材年轮的早材部分，破坏木材的纤维素和半纤维素，木材被害成沟状、深缝状，严重时整个木材仅剩下片状或条状的晚材部分。北京的故宫[3]、碧云寺和十三陵[4]等处古建筑均曾发现有白蚁危害，如碧云寺西配殿1963年突发坍塌，检查结果发现30 cm^2见方的木柁已被白蚁蛀空。木材的物理损害包括紫外线及长期荷载作用下的变形等。如古建筑木构件的受压变形，有时木材材质并没有发生明显的腐朽，但某些梁已出现垂弯和梁端的受压破碎。如山西应县佛宫寺释迦塔底层的某些梁栿在巨大重力下长期受压而引起的劈裂、变形[5]。木材的化学损害则包括金属、气体和各类酸、碱、盐及有机溶液对木材的不良影响。而自然灾害则会使木结构出现不同程度的残损甚至毁灭性的破坏。

综上，通过简要分析中国古建筑木结构的构造特点和损坏规律，才有利于针对性地选择适宜性的科学保护及修缮加固方法。

1.1.2 中国古建筑修缮保护的观念和原则问题

古建筑木结构的修缮保护需要适用的科技手段与保护科学理论互相交融。修缮保护原则及理论是修缮保护技术体系的基础，修缮保护理念的发展又必须建立在相应技术同步发展的基础上。结合新科技的发展为修缮保护技术注入更多内涵，才能更好实现古建筑修缮保护的初衷。

20世纪是中国社会发生巨大变革的时期。自五四运动后，古建筑保护在中国传统文化的影响下，在建筑历史研究需求的促进下，文化界逐渐形成了“古代建筑既是建筑物也是文物”的概念。1949年，中华人民共和国成立后，逐步开展了对古建筑的全面调查研究和重点修缮保护工作。20世纪80年代，随着国际文化遗产保护原则的引入，深刻影响了中国文物保护原则的形成和调整。特别是2000年通过的《中国文物古迹保护准则》实现了中国古建筑保护与国际文化遗产保护的理念接轨，为21世纪中国从文物保护向文化遗产保护的跨越式发展奠定了基础。

20世纪30年代，中国营造学社以重新刊行李明仲《营造法式》为契机，以研究中国营造传统为目标，把古代建筑和建造方法及制度作为主要的研究对象。1930年南京国民政府公布了《文物保存法》，1935年颁布了《暂行古物之范围及种类大纲》，对受保护的古物做了界定。古物的种类包括：古生物、史前遗物、建筑物、绘画、雕塑、铭刻、图书、货币、舆服、兵器、器具等。其中建筑物包括城郭、关塞、宫殿、衙署、书院、宅第、园林、寺塔、祠庙、陵墓、桥梁、堤闸及一切遗址等。而这些古物的价值则包括：“古物本身有科学的，历史的，或艺术的价值者。”这种价值认知贯穿于之后20世纪中国文物保护的过程之中。1932年《中国营造学社汇刊》第三卷第二期上刊发了梁思成先生的《蓟县独乐寺观音阁山门考》一文，梁思成先生提出：保护问题“可分为二大类，即修及复原是也。破坏部分，须修补之，……否则仍非原形，不如保存现有部分，以志建筑所受每时代影响之为愈。”营造学社的学者在20世纪30年代曾提出了多项重要古代建筑的修缮设计计划。在《中国营造学社汇刊》中发表了多项修缮设计计划，如故宫文渊阁楼面修理计划、修理故宫景山万春亭计划、曲阜孔庙修葺计划等。这些项目有大量对建筑现状的研究，也提出了针对性的保护措施。这些保护措施并不拘泥于传统的技术方法，在许多地方提出了采用现代材料和技术的建议。如故宫文渊阁楼面修理计划[6]针对主要承重构件“大柁”出现的弯垂，提出了五种可能的加固修缮方法：第一种更换原有木柁；第二种是工字钢梁加固；第三种采用钢桁架对弯垂的木柁进行支持；第四种采用拉杆的方法把弯垂的木柁与上层梁架相连接，减轻木柁的荷载；第五种方法采用钢筋混凝土现浇梁替代原有木柁。这些方法也影响到了20世纪50年代的一些文物建筑的保护维修工程。

20世纪50年代苏联的文物保护模式也影响到中国的古建筑保护，罗哲文先生编译了苏联“建筑纪念物”保护的相关内容，其中提到：“苏联的建筑纪念物修复工作，按照修理的性质，可分为修复工作与修理工作两种：……修理工作是恢复和照旧保存纪念物的现状，不得改变它历史艺术的面貌。”[7]20世纪60年代，梁思成先生曾主张经过维修的古建筑在消除病害、恢复结构安全稳定、延长寿命的同时，要仍能保持其历史风貌，看去仍是一座古建筑，只是经过修缮后显得“老当益壮”而已。对维修中所不得不采取的措施和增加的部分应按“有若无，实若虚”的原则处理，即在最大限度地保存其历史信息的前提下，尽量低调处理人为的干预。他认为，“使人不仔细观察看不出它曾经修缮过，才是最高水平的修缮技术”[8]。1961年国务院颁发了《文物保护暂行条例》，其中第十一条规定：“一切核定为文物保护单位的纪念建筑物，古建筑、石窟寺、石刻雕塑（包括建筑物的附属物），在修缮、保养的时候，必须严格遵守恢复原状或者保存现状的原则，在保护范围内不得进行其他的建设工程。”显然，20世纪60年代提出的保护原则一方面是基于中国营造学社和梁思成先生等人的思想和实践，一方面则是基于以苏联为代表的“国际经验”。这一原则对中国文物建筑的保护产生了深刻的影响。

20世纪80年代，文物保护行业也开始关注国际文化遗产保护运动发展的情况。1985年中国加入《保护世界文化和自然遗产公约》，一些重要的国际文化遗产保护原则也开始介绍到中国。国际文化遗产保护的一些主要原则（如《威尼斯宪章》），开始被中国文物保护界所了解，并逐步成为对文物建筑保护评价的一种标准。如1986年清华大学《世界建筑》杂志发表了陈志华教授翻译的《威尼斯宪章》，同时刊发了其撰写的《谈文物建筑的保护》一文。陈志华教授在文中指出：“文物建筑首先是文物，其次才是建筑。对文物建筑的鉴定、评价、保护、修缮、使用都要首先把它当作文物，也就是从历史的、文化的、科学的、情感的等待方面综合着眼……”“保护文物建筑，就是保护它从诞生起的整个存在过程直到采取保护措施时为止所获得的全部信息，它的历史的、文化的、科学的、情感的等等多方面的价值……”[9]。同一时期，中国文物建筑保护方面的专家也开始在中国的文物建筑保护实践中，探索实践包括《威尼斯宪章》在内的国际文化遗产保护原则，如北京“司马台长城西4台—东4台”加固工程和杭州六和塔加固工程。1986年北京市古代建筑研究所王世仁先生主持对北京“司马台长城西4台—东4台”段进行了勘察和保护修缮设计，这一修缮并未采用传统的复原方式，而是采用了排险、加固的方法，用钢框架对存在险情的敌楼残墙进行支护，尽可能的保留这段长城维修前的残损外观(图1-5)。体现了“整旧如旧”、“整残如残”的修缮原则，能不动的尽量不动，能不补的尽量不补，必须添补的，只限于保证安全和有助于强化古旧风貌。凡添补的部分，要求在总体上与原有建筑协调，局部则要求“古今分明”。1989年清华大学陈志华和郭黛姮二位教授主持杭州六和塔维修项目[10]时，提出了采取原状加固的方案，这一方案采用金属带加强木檐与砖塔心连接的方法解决脱榫的问题，新的加固措施既可以辨识，又具有可逆性，工程完成后取得了良好的效果。总之，上述两个加固工程都是以尽可能多的保存历史信息，尽可能减少对文物建筑对象的干预，且使干预措施易于识别为原则进行的探索。

图1-5　北京司马台长城的修缮

1997年国家文物局启动了编制《中国文物保护纲要》的工作，并于2000年通过评审并发布，更名为《中国文物古迹保护准则》。《中国文物古迹保护准则》在对中国当时的文物保护工作进行充分总结的基础上，明确了文物保护工作的基本程序和基本原则，澄清了当时文物保护工作中存在的一些争议，提升了中国文物保护的理论水平，规范了中国文物保护的实践工作，促进了中国和国际文物保护理论的交流和学习。

20世纪中国古建筑保护的思想是在中国大的政治、经济、文化、学术背景下形成和发展的，并进一步形成了一个以历史价值、艺术价值、科学价值为基础的价值观和以价值判断为基础的保护体系。

新的千年，随着经济社会的快速发展，对文化遗产保护提出了新的要求，2010年，经国家文物局批准，中国古迹遗址保护协会开始了《中国文物古迹保护准则》(2000年版)的修订工作，并于2015年公布了《中国文物古迹保护准则》(2015年版)，修订后的《中国文物古迹保护准则》既充分尊重了前版的主要内容，保证了内容上的延续性，又充分吸收了中国十多年来文化遗产保护理论和实践的成果，充分体现了当今中国文化遗产保护的认识水平：如在价值认识方面，构建以价值保护为核心的中国文化遗产保护理论体系，在三大价值的基础上又补充了文化价值和社会价值；在文物保护基本原则方面，继续坚持不改变原状、最低限度干预、使用恰当的保护技术、防灾减灾等文物保护基本原则的同时，进一步强调了真实性、完整性等保护原则。总之，在当下木结构古建筑的修缮加固中应充分体现上述原则已日益成为业界的共识。

1.1.3 预防性保护理念对中国古建筑修缮加固的影响

预防性保护始于可移动文物保护领域，1930年在意大利罗马召开的关于艺术品保护国际研讨会首次提出了针对艺术品的预防性保护的概念。事实上直至20世纪80年代预防性保护才开始被广泛讨论和研究，并作为一个独立学科出现在北美部分博物馆藏品文物保护领域[11]。20世纪90年代末，预防性保护的概念开始出现在建筑遗产保护领域[12]。2009年3月比利时鲁汶大学雷蒙德·勒麦尔国际保护中心建立了第一个关于建筑遗产预防性保护的科研平台和网络体系。比利时鲁汶大学雷蒙德·勒麦尔国际保护中心专家（Neza Cebron Lipovec）提出："预防性保护包括所有减免从原材料到整体性破损的措施，可以通过彻底完整的记录、检测、监测，以及最小干预的预防性维护得以实现。预防性保护必须是持续的、谨慎重复的。还应防止进一步损害的应急措施。它需要遗产使用者的共同参与，也需要传统工艺和先进技术的介入。预防性保护只有在综合体制、法律和金融的大框架的支持下才能成功实施"[13]，这其中已经蕴含着预防性保护的基本理念、基本要素。

而建筑遗产的预防性保护强调更为有效地防止建筑遗产失去价值及本体的损毁。其基本理念就是：通过最小干预的方式预知并提前采取有效措施控制引起建筑遗产损毁的因素，降低或消除损毁破坏的风险。其行动主要内容通常包括：（1）对遗产本体和环境的残损病害等变化进行系统性监测，分析其原因，并以此为依据决策有针对性的科学保护措施；（2）定期检测与日常维护，及时消除隐患，以及避免或减少不必要的大规模的或抢救式的保护工程；（3）培育建筑遗产的预防性保护意识，提高使用者的参与度；（4）制定科学的规制，预防人为和自然因素的不良影响和破坏；（5）建立有效的、可持续的金融或经费支持模式。同时，《中国文物古迹保护准则》（2015年版）第12条也明确指出："为减少对文物古迹的干预，应对文物古迹采取预防性保护。"其中，预防性保护是指"通过防护和加固的技术措施和相应的管理措施减少灾害发生的可能、灾害对文物古迹造成损害，以及灾后需要采取的修复措施的强度。"故预防性保护技术体系的构成可进一步明确为：预防性保护不仅在于提前采取最小干预的防护加固措施，更重要的是要提前准确发现和预评风险，继而提出科学合理的最小干预的（技术）措施。检测监测技术、安全评估诊断和预警技术，以及防护与加固技术共同形成了古建筑预防性保护技术体系的核心技术环节[14]（图1-6）。

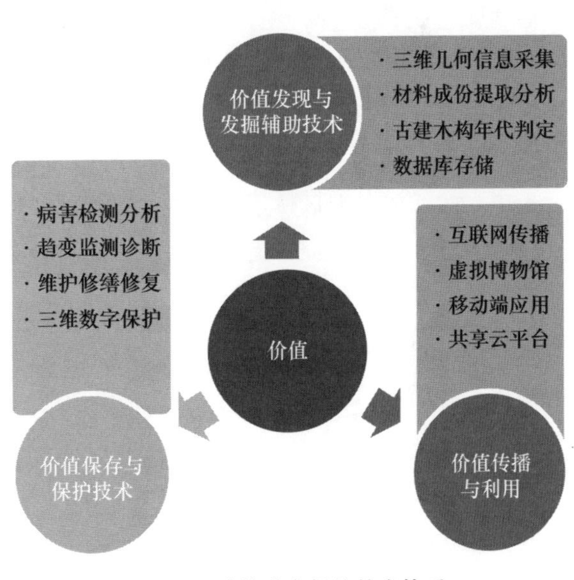

图1-6 建筑遗产保护技术体系

总之，预防性保护理念对于中国木结构古建筑修缮加固的影响具体体现在两个方面：一是应遵守最小干预原则，任何干预必须是最小且必要的（采用的技术措施），以延续现状，缓解损伤为主要目标。干预限制在保证安全的限度上，避免过度干预造成对木结构古建筑价值和历史、文化信息的改变。二是修缮加固手段应突出预防性，而非抢救性，强调防患于未然。中国古建筑木结构及木构件既承载价值信息又极易损坏的特点更适宜于应用预防性的修缮加固技术。

1.1.4 中国古建筑木结构保护及修缮加固的相关法律规范

《中华人民共和国文物保护法》第二十一条规定："对不可移动文物进行修缮、保养、迁移，必须遵守不改变文物原状的原则。"据此，《中国文物古迹保护准则》(2015年版)第四章"保护措施"，第24条指出："保护措施是通过技术手段对文物古迹及环境进行保护、加固和修复，包括保养维护与监测、加固、修缮、保护性设施建设、迁移以及环境整治。"其中的第26条"加固"是指"直接作用于文物古迹本体，消除褪变或损坏的措施。加固是针对防护无法解决的问题而采取的措施，如灌浆、勾缝或增强结构强度以避免文物古迹的结构或构成部分褪变损坏。"该条阐释中进一步指出："加固是对文物古迹的不安全的结构或构造进行支撑、补强，恢复其安全性的措施。加固措施通常作用于文物古迹本体。加固应特别注意避免由于改变文物古迹的应力分布，对文物古迹造成新的损害。由于加固要求增加的支撑应考虑对文物古迹整体形象的影响。非临时性加固措施应当做出标记、说明……加固必须把对文物古迹的影响控制在尽可能小的范围内。若采用表面喷涂保护材料，损伤部分灌注补强材料，应遵守以下原则：1. 由于此类材料的配方和工艺经常更新，需防护的构件和材料情况复杂，使用时应进行多种方案的比较，尤其是要充分考虑其不利于保护文物原状的方面；2. 所有保护补强材料和施工方法都必须在试验室先行试验，取得可行结果后，才允许在被保护的实物上作局部的中间试验。中间试验的结果至少要经过一年时间，得到完全可靠的效果以后，方允许扩大范围使用；3. 要有相应的科学检测和阶段监测报告。"第27条"修缮"则包括"现状整修和重点修复""重点修复包括恢复文物古迹结构的稳定状态，修补损坏部分，添补主要的缺失部分等。……修复工程应尽量保存各个时期有价值的结构、构件和痕迹。修复要有充分依据"。该条阐释中也指出："现状整修和重点修复工程的目的是排除结构险情、修补损伤构件、恢复文物原状。应共同遵守以下原则：1. 尽量保留原有构件。残损构件经修补后仍能使用者，不必更换新件。对于年代久远，工艺珍稀、具有特殊价值的构件，只允许加固或做必要的修补，不许更换；……重点修复应遵守以下原则：1. 尽量避免使用全部解体的方法，提倡运用其它工程措施达到结构整体安全稳定的效果。……2. 允许增添加固结构，使用补强材料，更换残损构件。……3. 不同时期遗存的痕迹和构件原则上均应保留；如无法全部保留，须以价值评估为基础，保护最有价值部分，其它去除部分必须留存标本，记入档案”。

中国国家标准《古建筑木结构维护与加固技术规范》（GB50165-2020）第六章第五节“木构架的整体维修与加固”中也明确指出：“木构架的整体维修与加固，应根据其残损程度分别采用落架大修、打牮拨正以及整修加固。”其中，“落架大修即全部或局部拆落木构架，对残损构件或残损点逐个进行修整，更换残损严重的构件，再重新安装，并在安装时进行整体加固。打牮拨正即在不拆落木构架的情况下，使倾斜、扭转、拔榫的构件复位，再进行整体加固。对个别残损严重的梁枋、柱等应同时进行更换或采取其他修补加固措施。修整加固即在不拆除瓦顶和不拆动构架的情况下，直接对木构架进行整体加固。这种方法适用于木构架变形较小，构件位移不大，不需打牮拨正的维修工程。”“对木构架进行整体加固，应符合下列要求：一、加固方案不得改变原来的受力体系……五、加固所用材料的耐久性，不应低于原有结构材料的耐久性。”《古建筑木结构维护与加固技术规范》第六章第七节“梁枋”、第八节“梁枋、柱的化学加固”则归纳出具体的修缮加固技术：（1）劈裂的处理。对梁枋轻微的劈裂可直接用铁箍加固，铁箍的数量和大小根据具体情况确定。铁箍一般采用环形，接头处用螺栓或特制大帽钉连接。断面较大的矩形构件可用U形铁兜住，上部用长脚螺栓拧牢。如果裂缝较宽、较长，在未发现腐朽的情况下，可用木条嵌补，并用胶粘牢。若同时发现腐朽，则应采用挖补的方法或用环氧树脂灌浆加固，在灌浆前一定要把腐朽部分清除干净。并指出，顺纹裂缝的深度和宽度，在不大于构件直径1/4，长度不大于构件本身长度的1/2；矩形构件的斜纹裂缝不超过2个相邻的表面，圆形构件的斜裂缝不大于周长的1/3时，可采用上述方法处理。当裂缝超过这一限度，则应考虑更换构件。（2）挠度过大的处理。当梁枋构件的挠度超过规定的限值或可能断裂时，可在梁枋下面支顶立柱、更换构件或在梁枋内埋设型钢或其他加固件。（3）构件糟朽的处理。如檩条的局部糟朽，多采用挖补方法处理；当檩条榫头糟朽，可将朽榫锯掉，在截平后的原榫位，剔凿一个较浅的银锭榫口，再选用纤维韧性好、不易劈裂的木块新做一个两端都呈银锭榫状的补榫。将较短的榫嵌入新剔的卯口，做好防腐处理，胶粘、钉牢、归位，插入原檩条搭接，也可以用环氧树脂做成补榫粘接。（4）包镶梁头的处理。适用于轻度糟朽的梁头部分，包镶时，先将梁头糟朽部分砍净、刨光，用木板依梁头尺寸包镶、胶粘、钉牢，最后镶补梁头面板，达到与完好的梁头尺寸一致的效果。该方法为外观整饬，对于构件力学性能提升没有帮助。(5)角梁的加固处理。对翘起或下窜的角梁应先行拨正，归位安好后，在老角梁端部底下加一根柱子支承；当角梁尾部劈裂，加固时可用胶粘补，再在檩的外皮加铁箍一道抱住梁尾，用螺栓贯穿，将老角梁与仔角梁结合成一体。(6)椽子的处理。对于发生糟朽、劈裂和折断的，通常采用加附椽子的方法做加固处理。

中国行业标准《古建筑修建工程施工与质量验收规范》(JGJ 159-2008)第四章“4.20.2”中指出：古建筑修缮应遵守“尽量不干预”及“保持原状”的原则，修缮前应对原构架各构件的材料、材质、法式、做法、尺寸、风格特征、损坏情况作认真的勘查、测绘、摄影、记录，并以此作为编制修缮方案的主要依据。“4.20.5”中对梁、穿、枋、桁等构件的修缮应符合下列规定：(1)当主梁(如五架梁)挠度小于跨度的1/150，桁条(檩条)、搁栅挠度小于跨度的1/120，构件两端或搁支部位完好、顺纹裂缝深度小于构件直径或断面高的1/4、裂缝长度小于跨度的1/3，裂缝宽度小于20 mm时，可采用化学材料浇注，并采用碳纤维布、镶木片加铁箍等方法加固修补。当构件损坏超过上述规定时，应更换构件或在梁的底面加补强构件。(2)当构件的一端搁支部位腐烂断面积大于该构件断面积的1/5或虽两端搁支部位损坏面积均小于该构件断面积的1/5，但其他部位有2处或2处以上损坏断面积大于该构件断面积1/6时，应更换或补强构件。

1.1.5 中国古建筑木结构的现状勘测和检测技术

古建筑木结构的现状勘测是对古建筑各部分现状情况做详细的、普遍的调查、了解，它是价值评估的依据也是拟定保护修缮方案的依据。维修保护方案不仅应该建立在建筑现存状况的基础上，更要建立在价值评估的基础上，文物建筑及历史建筑的维修与一般建筑维修最大的不同即在于：经过修缮之后应使价值信息得到有效保存和延续。从技术角度划分，勘测分为勘查和测量两部分。其中勘查内容又分为三类，即法式及传统做法勘查，残损情况勘查和建筑历史信息与真实性、完整性方面的勘查。

1.1.5.1 法式及传统做法勘查

法式及传统做法勘查是对古建筑的法式、形制特征方面的综合勘查，通过分析古建筑形成、演变的因素，既可作为鉴别古建筑及其构件历史年代的参照依据，也明确了修缮中应特别注意保护的建筑形制特点和法式特征。如：建筑的平面形式，柱网布置，梁架形式，举折情况，建筑用材大小、比例等具体内容。而传统做法勘查则直接关系到维修保护材料和修复方法的确定，例如在传统建筑的工艺做法上也有许多等级或习惯方面的讲究，像油饰彩画的做法等。假如修缮前的做法勘查不充分，就可能在修缮过程中出现对古建筑本体扰动过大甚至不当维修等状况。

1.1.5.2　残损情况勘查

残损情况勘查是针对古建筑承重结构的损坏程度及其成因所做的勘查，其目的是直接为古建筑的安全性鉴定及制定修缮方案提供可靠依据。对木结构古建筑的勘查与测定的内容主要有：树种鉴定、材料力学性能测定、木材缺陷的检查、木材受腐蚀情况的测定、木材蛀蚀情况的测定、木构件变形的测定、木构件偏差的测定、木结构联结的检查与验算、木结构构造的检查等内容。

1.1.5.3　建筑历史信息方面的勘查

古建筑上常叠有不同历史时期修缮活动的痕迹，如不同时期的构件，不同时期的彩绘、雕刻、题记等。这些历史信息对于全面认识古建筑的价值、判断古建筑真实性和完整性具有重要意义。通过对历史信息的勘查，还可以了解历史上的维修与改动情况，判断其存在价值，确定其保存价值和修复的参考价值，这些都是修缮工程中作为保护内容的重要依据。因此，在勘查中应重视对于历史信息方面的发现与发掘。

1.1.5.4　木结构的检测技术与方法

随着文保科技特别是木结构检测技术的进步，当下的检测工作从原先单纯的依靠人工经验，发展为人工与检测设备相互结合、互相支持。从“定性”到“定量”、从“有损”到“无损”的发展，让高质量、高精度的准确、快速、安全判定木结构构件的病害及程度成为可能。因此，检测工作在古建筑的修缮加固工程中发挥着日益重要的作用。

（1）人工检测

传统的人工检测方法，主要通过“眼看、手敲、耳听、尺量”并结合个人经验来完成木构件外部的检测。人工检测方法简单、直接、便于操作，但多受限于操作人员的经验。主要检测的内容包括木材的缺陷，受腐蚀、腐朽、虫蛀的测定，构件的变形和偏差测定，木结构的构造与连接等。人工检测的规范依据为《木结构设计规范》(GB 50005-2017)、《古建筑木结构维护与加固技术规范》(GB 50165-2020)以及相关地方规范等。

（2）现代检测技术

现代检测技术又分为无损检测技术和微创检测技术两类。无损检测是在不破坏木材原有外形与结构的情况下，正确检测出木材内部的缺陷，同时借助无损检测手段还可检测获取木材的某些力学性能指标，为判定古建筑木结构的承载能力提供参考。目前常用的无损检测技术主要有：X射线探伤、微波、内窥镜、红外线摄影、超声波、应力波等。

X射线探伤[15]主要是利用射线穿透不同木材部位时吸收和衰减效应的不同，根据感光图像直观判定木材缺陷。由于存在放射性污染、设备笨重等不足，该方法目前还停留在试验室阶段，短期内较难达到进入现场检测阶段。

微波检测[16]利用微波在不同介质中的传播速度和衰减速度的不同，研究木材不同部位和不同方向的差异，从而测定出木材内部的缺陷。由于目前适用于古建筑木结构现场检测的微波设备尚未研制成功，故限制了其现场应用。

内窥镜是通过将连接光纤的探头深入到木材裂缝、孔洞内部，并能时时把照出的内部图像传给观察者或摄像机，从而内窥到木材内部的病害情况。由于该方法操作便捷，故已应用于现场检测工作中，用于病害的定性化判定[17]。

红外线摄影[18]可以通过观察木材内部水分的分布情况来间接的判断木材的残损情况，可作为一种辅助性的检测手段。

超声波检测[19]可应用于木材的现场检测工作中，根据其检测的数据还可获取木材的弹性模量，并估算力学强度。但通过该法较难判定木材内部残损类型及程度、范围。

应力波检测法[20]的原理是木材在振动或撞击下产生应力波，利用应力波传播速度与木材弹性模量之间的相互关系生成木材内部缺陷的二维、三维图像，计算木材的弹性模量，并继而估算木材的力学强度。目前两探头及多探头的应力波仪，因其便于携带、易于操作、功能强大，已广泛应用于现场检测中。

微创检测技术是应用一些特殊的仪器设备对木材内部取样和观察，从而获取相应检测数据的手段。主要的检测设备包括：微钻阻力仪、生长锥、Pilodyn仪等。

微钻阻力仪的工作原理是采用一个直径1 mm或稍大的小钻针，在电机驱动下以均匀速度加力，使小钻针穿入木材内部，同时输出一条曲线，用来表示在整个钻削路径上阻力的相对值[21]。根据该曲线，可判断木材内部不同部位的早晚材密度，以及空洞、虫蛀、糟朽等情况。

生长锥是通过直径5 mm左右的空心钻钻入木材内部，获取一个完整的木芯，从而判断木材内部的缺陷类型和程度。

Pilodyn仪的检测原理是以预先设定好的固定力，通过将微型探针打入木材内部，依据其进针的深度来判定木材的腐朽程度[22]。

（3）现代检测技术的应用难点

检测技术实际是将获取的检测值与设定的标准进行对比，因此建立适当的“标准”体系是检测工作的前提。由于国内相应检测技术开展时间较短，相应的研究成果有限，建立相应的、完善的检测标准体系还有一定难度。故还需在总结现有经验的基础上，开展相关的、大量性的基础研究工作。

1.1.5.5　古建筑木结构的测量技术

古建筑木结构的测量技术主要包括法式测量和数字化测量。法式测量以手工测量为主，获取有法式特点的大的尺寸关系等信息，其测量过程往往也是现状勘查的过程。

数字化测量是通过全站仪、三维激光扫描仪等先进测量设备生成点云，获取古建筑的三维几何信息，同时还可以记录、测量历史痕迹（价值信息），具有非接触、全面、高效、高精度等优点[23]。但由于目前仍缺乏成熟的、自动化的、能将点云转换为工程线图的软件，故在当前的测量工作中仍无法完全替代手工测量。

1.1.6 中国古建筑木结构的修缮加固技术

古建筑的修缮加固不仅是使其能够延年益寿，而且更重要的是应保存其原有的建筑形制、结构、材料和工艺，这些既是古建筑原状的重要依托，也是古建筑价值信息的重要载体。特别是在文保技术领域多学科交叉融合、快速发展的大背景下，现代保护及修缮加固技术更应建立在对传统技术充分认知的基础上，通过不断的改进、优化、完善，扎实提升科技含量。

1.1.6.1 木构架的修缮加固技术

对于构架歪闪、损害较严重的木结构，需要将构架扶正，恢复其正常受力状态，从而去除影响安全的隐患，常用的方法有：打牮拨正、局部落架拨正、“偷梁换柱”以及落架整修和重新归安等[24]。无论采用何种方法都应建立在充分的价值评估基础上，确保修缮过程中古建筑恢复安全的同时不会失去价值信息。

1.1.6.2 受弯木构件的加固维修

（1）弯垂构件的处理

对于弯垂构件的处理，现状加固可以直接在其受力点加支撑，防止进一步的变形和出现断裂；或通过在构件两端加斜撑的方式，减小跨度、调整受力长度，以适当补偿；或增加随梁（加大构件截面）的方法（图1-7）以及直接采用补强材料（如铁、不锈钢等）贴补、嵌入（如“W-E-R”系统加固技术[25]）或FRP布包裹的方法加固弯垂构件。但上述技术也存在着严重影响木构件外观、金属材料表面结露造成木材加速腐朽等问题。

（2）裂缝的处理

对于裂缝的处理的方法，要根据构件表面是已做油饰还是处于露明状态来决定。对于不影响结构安全的裂缝可采用地仗油或木条做填充修补处理，对于结构裂缝修补通常采用直接打箍或用钢板加固的方法。其中打箍可采用铁箍或玻璃纤维、碳纤维箍，常施2～3道宽50～100 mm、厚4 mm左右的箍。钢板加固则是在大梁两侧，先将断裂处粘牢及糟朽处剔补完，然后再用厚度不小于4 mm的钢

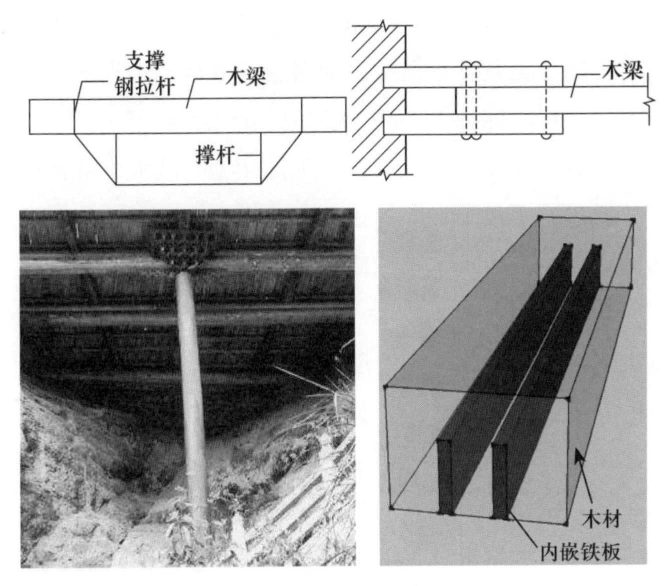

图1-7　木梁的传统加固方法

板或U型钢板槽螺栓加固，也可用梁底包角钢来加强。如果构件表面饰有彩画，也可采取偷换梁芯的做法，保留梁表皮。

1.1.6.3　木构件的化学加固

化学加固法是通过施用化学药剂来提高木结构构件力学性能的一种技术方法[26]。我国木材化学加固工作的研究和实践起步较晚，1974年后开始将不饱和聚脂和环氧树脂用于古建筑木结构的维修和加固[27]。采用化学加固的典型案例是对山西五台山南禅寺[28]和浙江宁波保国寺等早期古建的木结构构件采用高分子材料加固，最大限度保存了原有建筑的真实性和完整性。

1.2　研究意义

近年来，国家对古建筑的保护力度不断加强，投入逐年加大，但由于数量巨大、保护技术相对落后等问题，致使在大规模的修缮工程中出现了过度修缮、保护性破坏等情况。在现代建筑结构技术领域中，从“无损检测→加固”已是成熟的技术手段。而当下古建筑木结构保护领域中，多依据《古建筑木结构维护与加固技术规范》(GB50165-2020)来操作，该规范虽然提出了残损评估鉴定标准，规定了残损点的检测分类及基本框架，但对如何获得残损点的物理形态信息、材性变化状况的方法和技术标准等均缺乏明确的论述和规定。以至于后期的安全评价与评估将因缺乏可信度数据信息支持而无法实施，故大多数情况还是依靠技术人员个人经验，通过“手量眼看”等传统方法勘察，存在工作粗、效率低、精度差、周期长等问题。而古建筑木结构修缮、加固方法主要有替换法、加钉法、加铁箍法、附加梁板法、附加断面法等。这些加固方法容易使古建筑的原貌改变、本体价值信息丧失，造成了相当多的遗憾。

随着时代的发展、科技的进步，具有良好力学性能及耐久性的FRP材料被广泛应用于土木建筑工程中需要加固修复的构件上。以往的FRP材料加固古建筑木结构研究，如包裹FRP布等方式，大都是从提升力学性能角度出发，很少关注加固方式对于古建筑外在形象以及价值的不利影响。仅有少量的隐蔽式FRP材料加固古建筑木结构研究，而这些研究大都是逆向的，且侧重于基础层面的研究，很少论及实际工程应用中的问题。因此，本书借鉴现代建筑领域中“无损检测→加固”的成熟模式，从古建筑保护工程的实际需求出发，以无损(微创)检测获取木构件材性、力学及残损信息，准确评价古建筑木结构安全性为前置条件，以最小干预原则下FRP材料隐蔽式加固为手段，具有最大程度保护木构件本体价值(在位保护加固)、可操作性强、加固值可量化、速度快、综合成本低等优点。因此，针对古建筑木梁构件深入开展此研究，不仅填补了国内相关研究领域的空白，还具有较强的理论价值和工程实用价值。

1.3 国内外研究现状

结合上述古建筑保护修缮及加固技术，通过整理国内外相关研究文献，梳理并分析研究现状如下。

1.3.1 古建筑木结构无损检测技术研究

古建筑木结构易出现破损，目前运用较多的为无损检测(Non-Destructive Testing或Non-Destructive Evaluation，简称NDT或NDE)，又称非破坏性检测。

它是在不破坏目标物体内部、外观结构与特性以及使用性能的前提下，应用多种物理原理和化学现象，对各种工程材料、零部件、结构件等的相关特性（如形状、位移、力学性质等）进行测试与检测，借以评价他们的连续性、完整性和安全可靠性[29]。木材是天然生物材料，具有形状不规则性及变异性和物理力学性能各向异性的特点，因而对木材及其制品的无损检测尤其独特，有许多困难。将无损检测运用在古建筑木结构内部，对其是否含有缺陷进行有效的探测，不仅能够探测其缺陷的形状、大小、方位、取向、分布和内含物等情况，还能提供组织分布、应力状态等信息，是一门新兴的、综合性的材料检测科学[30]。

传统的木材物理、力学性能检测，大都是采用检测仪器或力学试验机对规定尺寸的木材试样进行测量或破坏性试验，来记录其尺寸、规格、表面形状以及所能承受的最大载荷等情况，虽然这些方法测定的结果比较准确，但是经过破损检测后的试件已基本上不再具有实用价值，这对有限的木材资源造成了巨大的浪费，更与正在使用中、又不能随便拆卸的木材构件（如建筑木构件）和古建保护的理念不符。另外，这种方法检测时间长、条件苛刻、稳定性和重现性差，且不适于非破坏、在线快速检测。而无损检测木材可在不破坏木材及木质材料的基础上，并在木材原有结构和原有动力状态的前提下，利用当今的物理方法和手段，快速测量出木材及木质材料的尺寸、规格、表面形状和基本物理力学性[31]。

无损检测技术在木材和木质工程材料中的应用，极大地促进了木材及木质工程材料检测方法的根本变革，使木质工程材料的加工和生产过程中的质量控制和管理达到一个新的水平，为木材生产的工艺控制和自动化准备了必不可少的条件。Lee I. D. G.[32]是最早将应力波无损检测技术用于现场木结构检测的科技工作者之一。1965年，其运用应力波对英国18世纪的大厦屋顶进行现场检测，检测结果表明木构件横向应力波和纵向应力波传播时间可得到应力波的传播速度，再进行试验室旧木构件的残余力学强度，从而找出应力波传播速度与木构件残余强度衰减的关系。Lanius，R.M.等[33]在1981年利用应力波技术对建立于1925年的美国华盛顿州立大学农学院的一个牲口圈进行检测，以应力波传播速度为考察指标，估测了木构件的残余力学强度。Ross，R. J.[34]对华盛顿州立大学足球场南北大看台之间的U形连接部分花旗松进行应力波检测，应力波检测结果大约为1300ms/ft，而健康材的传播时间则是260 ms/ft，可以判定木材已严重腐朽[35]。建于1976年7月至1979年2月之间的美国新墨西哥州Kirkland空军基地的“栈桥”是世界上最大的层积材木结构建筑之一，其额定荷载是250000kg。20世纪80年代，由于美空军需要对一更大重量的飞机进行测定，因此需要对“栈桥”的结构力学性能进行评估。Neal[36]等采用纵向应力波技术对“栈桥”的484个胶合木构件（约占全部木构件的5%）进行了测定，结果表明“栈桥”的结构保持完好，只有表层的部分板材发生了腐朽。Perllerin，R.F.[37]和Ross，R. J[38]等采用应力波技术对俄勒冈州东部的529号和117号木桥进行现场和试验室试验，发现二者的应力波传播速度具有很好的相关性。近年德国生产的RESISTOGRAPH阻力仪和IML阻力仪，两种仪器都是应用直径1.5 mm的微型探针，靠驱动探针进入检测木构件的内部，通过计算机处理得到平面木材内部缺陷的二维图形，因检测速度快、结果可视化、设备便于携带等优点，不断在木结构古建筑无损检测中得到使用。与此同时，在亚洲地区日本是在木结构无损检测研究工作方面开展较早的国家，其在木结构古建筑无损检测中尝试不同的方法，如使用Pilodyn检测仪、生长锥、应力波等方法研究，寻求适宜的检测技术。

我国木材无损检测技术在20世纪60年代后逐步兴起，20世纪70年代末期开展古建筑旧木材材性变化及其无损检测研究，如应用X射线检测方法对木材缺陷检测进行了试验性研究。于20世纪80年代末期，对木材物理性质、生长特性等进行了无损检测的初步基础理论和试验研究。段新芳等[39]采用应力波测定仪对西藏古建筑上的腐朽与虫蛀木构件进行无损检测和目测腐朽观察，并将两种结果进行比较。结果表明：应力波无损检测技术可以准确的判定木构件的内部腐朽与虫蛀，表层腐朽分级与无损检测结果基本一致。尚大军等[40]介绍了应力波无损检测技术的基本原理，回顾了应力波技术在古建筑保护中的应用进展及存在的问题，并给出进一步研究的建议。张晋等[41]利用射钉仪和木材阻抗仪，对东南大学老图书馆维修加固拆卸下来的一批木梁柱构件进行无损检测、材性试验研究。结果表明目测分级大体可行，但部分测点目测等级不可靠，构件剩余抗拉强度和剩余抗压强度分别为15.31～25.89 MPa和8.46～13.73 MPa。孙天用等[42]比较了应力波无损检测技术和X射线扫描技术在对红松、冷杉和枫桦试件进行检测时的特点，得出的结论是这两种方法都能检测出木材内部腐朽，虽然应力波的检测结果不如X射线检测结果准确，但因其设备更加小巧便携、使用方便，更适合实际现场的使用。戴俭等[43]针对古建筑木构件存在的劈裂、虫蛀、糟朽、内部空洞等病害缺陷缺乏有效检测与评价方法以及检测结果存在较大误差等现象，探讨了基于应力波与阻抗仪耦合使用的无损检测及应用方法，并对获取这种耦合方法的路径及其在河北、浙江古建筑木构件实际工程应用进行了探讨，为预防性保护技术体系的建立提供基础研究支持。李鑫等[44]通过应力波与阻抗仪的配合使用，提升了针对古建筑木构件内部残损检测的精度，并提出了一系列适用于现场检测的技术方法。常丽红等[45]通过采用应力波和阻抗仪等无损检测设备，对古建筑常用树种榆木和杨木试件在不同缺陷类型、不同内部缺陷面积下进行试验，并基于Shapley值对其内部缺陷进行组合预测，为古建筑木构件工程的修缮和加固方案提供有效数据支持。

1.3.2 FRP材料加固古建筑木构件技术研究

木材因其天然生物材料的固有特性，在用作结构主体时亦存在着不可避免的问题，如易受虫害及侵蚀、异向强度不同等等。另外，材料天然缺陷以及建筑物荷载的改变都导致木结构需要经常维护以对原有结构进行修整和增强。FRP是纤维复合增强树脂的统称，属于复合材料范畴。其结合了纤维增强材料和树脂粘结剂的优点，自重轻，强度高，裁剪容易，施工简单，且不影响原有结构。常见的FRP增强材料有CFRP、BFRP、GFRP等，外观与性能均有所不同。使用FRP材料增强木结构能够避免传统加固法如加钉、嵌缝加箍、粘贴金属板、化学灌浆等方法中对原有结构的破坏与化学腐蚀污染，同时可以显著提升木结构的强度和耐疲劳性能。

1.3.2.1 FRP材料与木材粘接锚固性能研究

FRP材料与木材粘接锚固性能是隐蔽式FRP加固木构件的基础问题，也是关键问题，但目前国内外研究还相对较少，且木材主要是胶合木。Madhoushi等[46]通过对GFRP筋与胶合木连接节点的静力及疲劳试验，得到了静载及疲劳荷载下GFRP筋与胶合木的粘结强度及破坏模式。De Lorenzis等[47]设计了14组FRP筋与胶合木（欧洲云杉）的拔出试验，并根据试验结果对影响粘结性能的主要参数如粘结长度、FRP筋表面形式以及木纤维方向等进行了讨论。美国缅因大学Yong Hong等[48]对木材与FRP复合界面的耐疲劳性能与抗断裂性能进行了研究，指出了胶接界面的粘结强度在很大程度上直接决定了使用FRP增强后的木材工程复合材料之性能。Barbero，E等[49]研究了FRP布与木构件的界面粘结性能，研究结果表明，用结构胶粘贴FRP布可保证界面剪力的有效传递，但潮湿条件下界面粘结强度明显恶化。经试验，潮湿试件界面剪应力仅为对照组干燥试件的43%。Vick等[50]通过试验对多种类型的粘结剂与不同树种间的粘结性能进行了研究。研究进行了干湿循环试验，结果表明，使用耦合剂HMR（甲基间苯二酚）能够提高粘结强度，在干湿循环环境中性能优势明显。Vahedian等[51]通过136根木材单面粘结FRP板试件的单剪试验，提出了一个可以有效预测界面粘结长度和粘结性能关系的理论模型。朱世骏等[52]通过对9个植筋GFRP胶合木试件的粘结性能试验，对植筋试件的破坏形态、破坏机理及粘结锚固性能进行了初步研究。张富文等[53]通过对8个新旧花旗松梁试件进行对比试验，获取了木材与CFRP筋粘结破坏的两种典型模式，在此基础上，对改进BPE模型粘结滑移曲线进行了拟合，效果较为理想。许清风等[54]通过对包含一根未加固梁和两根内嵌CFRP筋加固梁在内的三根足尺木梁进行持续1200天的静载试验并结合数值仿真模拟分析，提出了适用于内嵌CFRP筋加固梁的木材蠕变曲线模型，能够较好的预测环境温湿度变化作用下木材蠕变对于加固梁力学性能的影响。

1.3.2.2 采用FRP材料增加木结构力学性能的研究

剪切破坏是木结构受损的主要表现之一，使用FRP材料增强是提升其抗剪性能的有效手段，更高的破坏极限可以使得木结构的刚性与承载力均得到加强。Triantafillou[55]对粘贴U形CFRP箍的木梁的抗剪性能试验，并使用不同粘贴厚度和方向的CFRP布进行抗剪性能试验，发现通过CFRP布材加固后的木构件的抗剪强度得到了明显提升。同时加固后的木构件在试验中抗弯性能、延性和刚度等都得到了可观的加强。S. Hay[56]等进行了对竖向和斜向粘贴GFRP材料加固木梁受剪承载力的试验研究，研究结果表明，不同的粘贴方法加固效果是不同的。其中竖向粘贴GFRP加固木梁的受剪承载力提高16.4%，而斜向粘贴GFRP加固木梁的受剪承载力提高34.1% 。因此，其提出了在加固时采取斜向粘贴 FRP 材料方式，以获取更佳性能。Marco Corradi等[57]通过试验测试了使用GFRP增强木楼板的抗剪切强度。经过试验和数值分析对比，试验数据表明使用GFRP增强后，木楼板的抗剪切强度和刚度较之对照组木楼板得到了明显提高。R.

Velmurugan，V Manikandan[58]以玻璃纤维与棕搁树纤维，制备出两种不同结构的纤维混合材料，并分别研究测试了以棕搁纤维与玻璃纤维随机混合及玻璃纤维表层、棕榈纤维芯层的复合材料的物理力学性能。试验结果说明了两种结构复合材料的抗剪切强度、抗拉强度、冲击韧性和抗弯性能都有较大的提高，同时吸湿性下降，机械性能得到提高。另外，玻璃纤维表层、棕榈纤维芯层的复合材料的各项物理力学性能均优于随机混合纤维材料。

近年来，中国科研人员对使用FRP增强木结构抗剪性能的研究也有所增加。许清风等[59]对利用CFRP布增强木梁的抗剪性能进行了试验。试验研究了使用CFRP增强的木梁之受剪承载性能，并对13根试件木梁增强前后受剪承载力的变化进行分析。试验结果表明，粘贴CFRP布增强木梁不仅可提高其抗剪性能，还可加强其刚度从而获得更大承载能力。王鲲[60]进行了CFRP增强矩形木梁受剪承载力的试验研究。其试验中使用7根矩形木梁进行受剪荷载对比试验，研究了顺纹方向剪切破坏与斜截面剪切破坏的两种主要受剪破坏形态，并根据试验数据对这两种剪切破坏形态发生的条件进行了计算分析，提出了相应的加固方法。淳庆、潘建伍[61]研究了碳纤维与芳纶纤维混杂纤维布增强木梁的抗剪性能，进行了12根试件的抗剪试验。试验分析了破坏形式、载荷与应变关系的规律并建立了碳-芳纶纤维混杂纤维布加固矩形木梁的抗剪承载力计算公式。指出了木梁截面中和轴位置最易发生受剪破坏，并由此提出对策——在施工中应尽量避免梁的中和轴位置附近出现节疤、斜理纹等缺陷。

针对木构件抗弯性能的研究，Plevris等[62]在1992年对木梁和木柱的张拉面粘贴单向纤维布的抗弯性能进行了试验，并首先在学术期刊上发表了试验报告。Blas[63]对FRP加强胶合层木的抗弯性能进行了试验研究，比较了底板贴和夹心粘贴的参数影响，试验证明使用FRP增强胶合层木可以提高其抗弯性能，在应用中效果良好。Marco Corradi，Antonio Borri[64]通过试验测试了对冷杉和栗树木梁使用GFRP材料进行加固前后的抗弯刚度以及材料强度。试验结果表明使用GFRP材料加固试件木梁可以明显提高其抗弯性能，试验木梁的承载能力也得到了显著增强。Dagher等[65]在研究中分别使用CFRP与GFRP对木梁进行增强，并对性能进行对比，指出等量使用CFRP相比GFRP具有更好的增强效果，使木梁的抗弯强度和弹性模量提升幅度更大。但从成本效能上看，使用GFRP更为经济。Lopez Andio等[66]进行了使用GFRP布对两跨连续胶合木梁进行加固的试验研究。试验对使用不同方法粘贴GFRP布的增强效果进行了对比，结果表明，在上下两面粘贴两层水平向GFRP布加固胶合木梁不仅使极限承载力提高了47%，也使得刚度和延性也得到改善。而粘贴两层斜向45°方向的GFRP布加固胶合木梁的极限承载力没有明显提高。值得注意的是，S. Ha也曾提出斜向粘贴FRP材料以增强抗剪性能，但并不与此结论冲突。以上研究结果说明了在对木结构使用FRP材料增强时，应根据具体受力情况进行分析，灵活运用方法以达到最好的效果。Gentile C，Svecova D，Rizkalla S H等[67]通过应用玻璃纤维增强塑料筋（GFRP）加固杉木木梁进行了抗弯性能的试验研究。通过GFRP筋加固的22个半比例和4个全尺寸木梁进行试验，加固梁的配筋率在0.27%～0.82%之间。并以未加固木梁作为对照试验进行比较测试。研究结果表明，应用该加固技术后木梁的破坏模式从脆性拉伸破坏转变为受压破坏，其弯曲强度提高了18%～46%。使用表面嵌入GFRP筋的加固方法可以克服木材局部缺陷的影响，提高构件的抗弯强度。并提出了可用于预测未加固和GFRP加固木梁抗弯承载力的计算模型。Alhayek H，Svecova D等[68]开展了利用玻璃纤维增强聚合物（GFRP）板加固回收木材桁条的试验研究。通过对20根尺寸为130 mm×330 mm×4500 mm的，并经杂酚油处理的花旗松木梁进行测试。研究了GFRP板加固对增强木梁刚度的影响。第一组10个样品仅在梁底受拉区用GFRP板（T组）进行增强，而另一组10个样品在梁受拉和受压区（TC组）均采用GFRP板加固。研究表明，采用GFRP板增强的T组梁的强度和刚度，分别提升36%和3%，TC组梁的强度和刚度分别提升31%和3.5%。通过对纤维增强聚合物（FRP）加固木梁的数据库分析，进一步研究了FRP对木材性能的影响。综合分析表明，FRP加固木梁的刚度最小。同时，有证据表明，梁高跨比是加固木梁时需要考虑的重要因素。具有较小高跨比的梁随着刚度的增加表现出刚度的部分提高；但具有较大高跨比的梁，其刚度没有提高，除非配筋率应用最小推荐值的7倍左右。这一结果支持加拿大标准协会的相关规定：即不提倡使用这种加固方法来增强梁的刚度。基于小样本结果的分析表明，GFRP加固木梁刚度的提升幅度最小。Yang H，Ju D，Liu W等[69]对应用碳纤维增强复合材料（CFRP）筋加固胶合木梁试验的程序和理论分析进行研究。通过进行一系列的四点弯曲试验，直到未加固梁、普通加固梁和预应力花旗松木梁破坏。研究的重点是评价普通加筋和预应力梁的加固效率。试验结果表明：加筋、预应力、预应力（底部预应力和顶部加固）梁的抗弯承载力分别提高了64.8%、93.3%和131%。而弯曲刚度的最大提高达到42%。另一个重要的发现是，由于拉伸筋的存在，木梁在破坏时的极限纤维拉伸应变可以显著增加，这表明它克服了局部缺陷的影响，因此破坏模式从脆性拉伸破坏变为延性压缩破坏。基于试验结果，提出了一种预测无筋、加筋和预应力木梁抗弯承载力的理论模型，并通过试验数据验证了该理论模型的正确性。

马建勋等[70]对使用CFRP加固的矩形截面木梁进行了抗弯性能试验，试验表明使用CFRP材料增强后，木梁的抗弯极限承载力得到了显著提升，性能得到改善。王全凤等[71]经过试验指出，在木梁受拉区粘贴GFRP是提高其抗弯性能的有效方法。试验中，木梁经过单层GFRP增强后抗弯极限承载能力提高了31%，使用双层GFRP增强后，承载力提高45%，性能表现优于单层加固。在试验研究的基础上，推导出与各种破坏类型相对应的杉木梁和使用GFRP增强后杉木梁的极限承载力计算公式，并对各试验梁的极限抗弯承载力进行了计算，计算结果与试验结果吻合良好。曹海等[72]经过试验发现在木梁受拉区设置FRP材料加固层可以有效加强木梁的抗弯性能，提高承载能力。试验使用了GFRP和CFRP两种材料进行对比，发现CFRP加固层的加固效果更佳：在两组试件受拉区域分别粘贴单层GFRP与CFRP，使用GFRP增强后承载力提高了17.69%，而使用CFRP增强可使木梁承载力提高30.61%。许清风等[73]对内嵌CFRP筋、板加固木梁的受弯性能进行试验，研究表明内嵌CFRP筋、板加固试件的受弯承载力较未加固试件明显提高，提高幅度为14%～85%，平均提高39%。破坏位移亦平均提高32%。内嵌CFRP筋加固试件的初始弯曲刚度均大于对比试件，而内嵌CFRP板加固试件由于底面开槽面积较大，其初始弯曲刚度未见提高。内嵌CFRP筋加固试件的跨中截面应变随荷载增加仍基本符合平截面假定，而内嵌CFRP片加固木梁的跨中截面应变变化与平截面假定存在一定差距。增加内嵌CFRP筋、板的数量及端部采用U形铁钉锚固措施，对提高加固木梁承载力的作用不明显。而在加固木梁底面粘贴一层CFRP布可显著提高其加固效果。淳庆等[74]通过内嵌CFRP筋加固木梁抗弯性能试验，研究表明内嵌碳纤维筋加固后的木梁抗弯承载力和延性均有一定的提高，抗弯承载力提高幅度分别为9.1%～16.9%（松木）和5.7%～21.6%（杉木）。木梁截面应变沿高度方向的分布基本符合平截面假定。最后，基于试验数据拟合，提出了内嵌碳纤维筋加固木梁抗弯承载力的计算公式。

1.3.3　文献评述

通过以上对国内外有关古建筑木结构无损检测及FRP材料加固木构件相关文献进行梳理，总体来讲，国外相关研究成果较之中国同行在数量与研究范围上均处于相对的领先地位。目前国内对于无损检测及FRP材料加固木结构的研究已经形成了一定规模，但仍存在需要继续深入探讨之处：（1）现有的研究未将检测与加固有机联系起来，需要加固量是多少、具体采用何种材料、采用何种施工工艺等与实际项目紧密相关的问题还属空白。（2）国内外研究针对胶合木等现代木结构构件成果较多，而针对中国古建筑木结构构件的成果较少，特别是针对具有雕刻、彩画及题记的木构件，采用FRP布包裹的加固方式必然会导致木构件本体重要价值信息的丧失，因此开展FRP材料隐蔽式加固的研究，对于古建筑木构件而言更具现实意义和可操作性。（3）现有的FRP材料加固木构件研究，以CFRP材料居多，但CFRP与木材的材料性能反差巨大，特别是隐蔽式加固的方式，材料之间能否有效地协同工作事关加固效果的优劣，因此有必要针对CFRP、GFRP等结构用加固材料与木材间的协同工作性能展开比较研究，综合衡量其优缺点和差异性，做到安全性、耐久性、经济性等的最优化。此外，相同的加固材料与不同木材材料之间关联性、不同温湿度对于加固效果的影响等问题也有待深化。因此，围绕上述关键问题展开研究，不仅是对古建筑木结构保护技术研究的丰富和拓展，而且面对当下古建筑保护的严峻形式，也更显迫在眉睫了。

1.4　本书的研究内容、研究目标以及拟解决的关键问题

1.4.1　研究内容

本书研究内容主要包括：

1.4.1.1　基于最小干预原则的FRP板隐蔽式加固古建筑木梁试验研究

选择我国古建筑木结构常用的木材种类（例如落叶松、杉木、小叶杨等），选择不同种类的FRP材料（如CFRP、GFRP板），以隐蔽式的方式对木梁构件进行加固。通过粘结性能研究、理论分析与有限元仿真、缩尺和足尺试件试验等手段，建立加固数学模型，并对影响加固效果的主要因素提出相应的修正系数。

1.4.1.2　从“检测→加固→监测”的FRP板隐蔽式加固古建筑木梁构件的施工工法研究

检测是加固的前置条件，运用无损检测技术快速、准确获取古建筑木梁的材料力学性能和残损程度信息，从而判断在役木梁的剩余承载力，对不满足安全性要求的则依据计算值作精确的隐蔽式加固，并通过长期监测确保加固的安全可靠。

1.4.2　研究目标

基于上述研究内容，本书研究目标如下：

（1）研究基于隐蔽式加固方法的CFRP、GFRP板与木材的粘接锚固性能。

（2）完善基于最小干预原则的FRP板隐蔽式加固古建筑木梁的计算模型及修正系数。

（3）探索适宜于此种加固方式的现场检测、施工工艺与流程及加固后长期监测的技术措施等。

1.4.3　拟解决的关键问题

（1）CFRP、GFRP板与木材的粘接锚固性能。

（2）基于最小干预原则的FRP板隐蔽式加固古建筑木梁的计算模型、修正系数及主要影响因素。

（3）应用于古建筑木梁构件加固现场的检测、施工及监测技术。

1.5 拟采取的研究方案及可行性分析

1.5.1 研究思路与技术路线

本书研究遵循“发现问题→分析问题→解决问题”的思路展开。首先，从古建筑木结构保护工作中的需求出发，通过对研究文献的梳理，总结现有研究成果和不足，在此基础上提出了所要研究的问题。其次，通过无损检测技术对在役的古建筑木梁构件的材料性能、残损程度及剩余承载力进行预测，对不满足安全性要求的梁构件，采用FRP板隐蔽式加固。最后基于正逆向试验分析结合理论推导及有限元仿真，建立用于指导古建筑木梁构件加固的数学模型，形成适于现场操作的施工工艺、流程，探索加固后监测的技术方法等。

具体的技术路线如下图1-8所示：

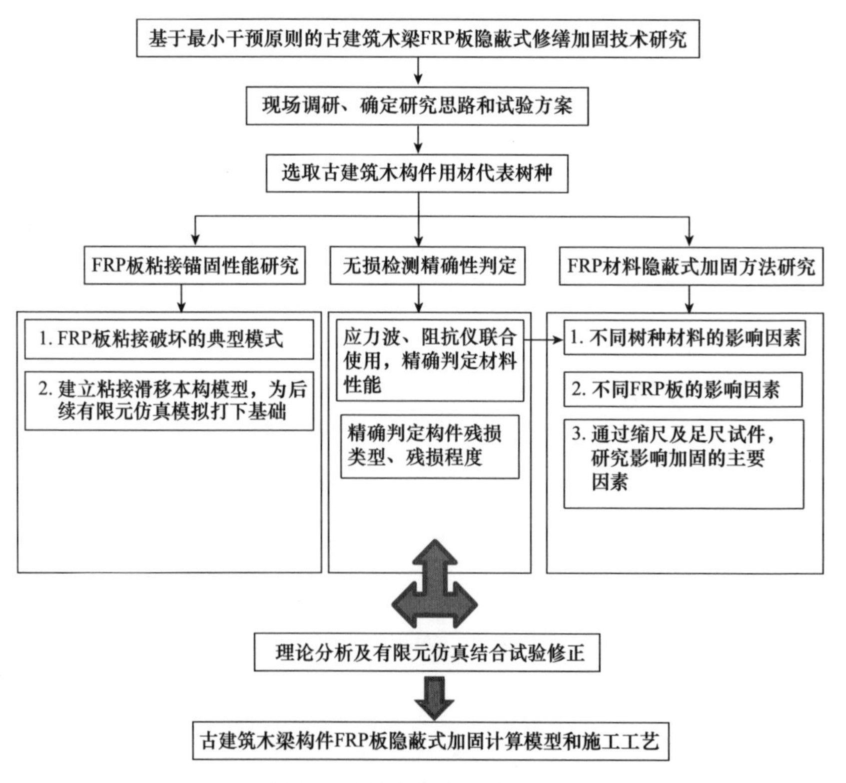

图1-8 研究框架与技术路线

1.5.2 研究方法

1.5.2.1 文献研究

对古建筑木结构营造技术、保护修缮理念、勘查及监测方法、修缮加固手段等方面涉及的相关文献进行系统研读、梳理和分析，制定科学的研究路线、研究方案等。

1.5.2.2 案例研究

选取以故宫为代表的，已采用FRP板进行加固的古建筑木结构案例开展研究，重点考察其加固方式及加固后监测的技术措施等。

1.5.2.3 试验研究

通过缩尺及足尺的木梁构件加固试验来修正理论分析和有限元仿真模拟的结果，进一步完善用于指导加固的计算模型。在试验研究中力争采用先进的试验设计方法，优化试验内容，提高试验的效率。

第2章　古建筑木结构勘查及修缮加固示例

针对古建筑开展全面而深入的勘查是古建筑修缮加固的重要基础，缺乏精细化的勘查环节就无法对古建筑的价值及安全性进行系统评估，更谈不上拟定适宜的修缮加固方案和最大化的维护古建筑的真实性和完整性。因此，本章以近年来国内文保团队对我国南北方古建筑木结构的重要遗存——佛光寺东大殿、保国寺大殿、佛宫寺释迦塔及故宫中和殿所作勘查及修缮加固工作为例，进一步探讨基于最小干预原则的木梁、枋、檩等受弯构件适宜性修缮加固技术的应用范围及影响因素等。

2.1　示例一：佛光寺东大殿

佛光寺位于山西五台县城东北佛光山，佛光寺东大殿建于唐大中十一年（857年），是我国现存最早的地面建筑遗存之一，也是国内唯一的唐代殿堂式木构建筑（图2-1）。东大殿面阔7间，进深4间，单檐庑殿顶，通面宽34米，总进深17.64米，正中5间，间宽5.04米，梢间与两山各间宽4.41米。有22根檐柱和

图2-1　佛光寺大殿

14根内柱围合而成，金厢斗底槽。内槽面阔5间，进深3间。三面依柱砌“扇面墙”，内供佛坛。殿堂间缝梁架用八架椽屋，前后乳栿用4柱。平闇以下为月梁造，以上为草架。檐柱和内柱高4.99米，径0.54米。东大殿绝大部分建筑构件保持了唐代初建原构，并且保留了众多创建时期遗留下来的泥塑、壁画和题记，整体结构完整，蕴含丰富，被梁思成先生称为“四绝”，具有极高的历史、文化、科学、社会价值和学术研究价值。

2.1.1　佛光寺东大殿的测绘及残损检测

自2005年以来，清华大学建筑设计研究院文化遗产保护研究所学术团队在编制修缮方案及文保规划前结合新技术手段对东大殿开展详细勘查[75]。具体工作包括应用三维激光扫描仪并结合传统方法进行现状测绘，继而精确推断结构构件的位移变形值（如挠度）和应用设备对构件及环境进行检测、监测，判定构件残损程度，研究形成原因。

勘查结果显示，木构件残损类型分为：材质（腐朽、虫蛀、顺纹开裂）、损伤（劈裂）、形变（挠曲）和缺失等。具体分类及数量见表2-1。

表2-1　受弯大木构件残损统计

构件种类	残损点统计	材质退化	受力损伤	位移	挠曲形变	缺失	残损构件数	构件总数
枋	数量	6	0	0	0	0	6	444
栿	数量	8	1	2	0	0	10	84
榑	数量	20	5	34	6	0	53	83

东大殿构件残损主要集中于材质及位移、缺失问题，各种构件基本都存在腐朽、顺纹开裂，其位置多集中在外檐及草栿内部，如草栿梁架内南中柱上方的草乳栿严重腐朽。综合对结构关键残损点的判断，清华大学团队最终提出的勘查结论为：佛光寺东大殿的结构可靠性鉴定为Ⅲ级。

2.1.2　佛光寺东大殿的修缮加固策略

佛光寺东大殿的大木结构具有一定的危险隐患，但由于对关键残损点的稳定性尚不明确，还需进一步观察，因此针对佛光寺东大殿的修缮制定为期十年的

“保护性研究”工作计划。根据东大殿目前面临最直接的屋面渗水漏雨问题，初步制定了揭顶修缮保护方案，对东大殿的瓦顶进行修缮保护，重点对苫背材料和工艺进行研究，并对残损严重的构件进行逐一的勘察研究及保护措施。在实施过程中采用传统工艺技术与现代科学手段相结合的保护技术措施，并结合本体与环境监测数据，以对古建筑本体干预最小的方式进行。在没有绝对必要的条件下，决不轻易更换构件或拆卸重装。

2.2 示例二：保国寺大殿

保国寺位于浙江宁波市西北灵山，保国寺大殿建于北宋大中祥符六年（1013年），是我国江南地区年代最早、保存最完整的木构建筑（图2-2）。大殿面阔5间，进深5间，平面上核心部位面阔、进深各3间，为宋代所建，其四周为清康熙二十三年（1684年）添建。添建部分的下檐未四面环绕，后部仍为单檐。大殿当心间宽5.8米，次间宽3.05米，通面阔11.9米，通进深13.36米。大殿中16根柱均为瓜棱柱，大殿构架皆为宋代原物，中间的两缝做厅堂式构架，前、后内柱不同高，前内柱直达上平榑下的平梁端，后内柱仅达中平榑下的三椽栿端部。为了承托山面出际之榑、枋，在次间中部另设梁架一缝，仅置一平梁及蜀柱、叉手。前檐柱与前内柱间做平棊、平闇、藻井等天花装修，三椽栿做月梁，露明于天花以下，其上另有草架。构架中部的三椽栿、后部的乳栿均为彻上明造。大殿代表了中国11世纪初先进的木结构技术水平，天花集平棊、平闇、藻井于一身，在《营造法式》成书前的建筑中为仅存的一例，具有极高的科学、

图2-2 保国寺大殿

历史和艺术价值。

2.2.1　保国寺大殿的测绘

近年来随着激光测距仪、全站仪、三维激光扫描仪等先进设备的引入，精细化测绘的成果改变了以往量点画线、以偏盖全的传统测绘模式。东南大学东方建筑研究团队通过全面的三维扫描获取大殿整体模型，并利用多个特别附加的单站扫描数据进行复核，此外对全部柱、梁等主要结构构件进行了手工测绘，与单站扫描结果互相校核。通过对精细测绘成果的整理，不但掌握了主要木构件的变形特点及程度，更进一步揭示了保国寺大殿木构件与《营造法式》的关联与契合，充分挖掘了大殿的价值[76]。

2.2.2　保国寺大殿的材性及残损检测

通过对保国寺大殿构件所用木材树种进行鉴定，主要为杉木和硬木松，另有少量的龙脑香、板栗、锥木、黄桧木、云杉等。

由于大殿外部环境气候潮湿，常受台风影响，以及白蚁等生物及微生物病害，导致并加剧了木构件的腐朽。

通过目视、触摸、敲击、探针等传统手段，并结合无（微）损检测技术，对大殿木构件进行了详细的材质及残损检测，显示梁枋、阑额等存在轻度到中度劣化，且宋代构件木材的密实度仅为清代构件的2/3左右，木材力学性能大幅衰减。

大殿木构件残损类型则分为受力损伤（应力积累或不恰当外力扰动造成的破坏，如缺失脱落、局部断裂、受压劈裂）、材质退化（环境因素造成的风化干缩、潮湿腐坏、天然缺陷所致的孔洞、裂纹）与生物侵蚀（白蚁、微生物）三种以及构件的挠曲变形。具体分类及数量见表2-2～表2-4。

表2-2　梁栿残损统计

梁栿（24）	材质退化			受力损伤		生物侵蚀	残损点总计
	风化干缩	腐朽	树节孔洞	残缺	开裂	白蚁、木蜂	
轻微	12	2	1	5	6	2	0
中度							
严重							

表2-3 额串残损统计

额串（29）	材质退化			受力损伤		生物侵蚀	残损点总计
	风化干缩	腐朽	树节孔洞	残缺	开裂	白蚁木蜂	
轻微	11	5	1	3	2		2
中度						2	
严重							

表2-4 槫子残损情况统计

槫子（21）	材质退化			受力损伤		生物侵蚀	残损点总计
	干缩裂缝	水渍霉斑	糟朽	残缺	开裂	虫蚀糟朽孔洞	
轻微	2	1			1	2	11
中度			2	1	3	3	
严重			1	1			

此外，槫子的局部挠曲、开裂等问题对结构安全的影响较大。如大殿东次间脊槫及东次间前上平槫下垂、心间檐槫及西次间下挠。

2.2.3 保国寺大殿构件的修缮加固

通过勘查发现，保国寺大殿构件的修缮加固以替换、嵌补、包裹GFRP布及灌浆补强为主。具体分类及数量见表2-5、表2-6。

表2-5 梁栿修缮加固情况统计

梁栿（24）	修补痕迹				修补构件数量	替换
	药剂粘补	缠玻璃纤维布	局部挖补	续接更换		
轻微	3		2		7	4
中度		2		1		
严重			1	1		

表2-6 额串修缮加固情况统计

额串（29）	修补痕迹			修补构件数量	替换
	药剂粘补	缠玻璃纤维布	浅表镶补		
轻微	5	2	2	8	6
中度		2			
严重					

2.3 示例三：佛宫寺释迦塔

佛宫寺释迦塔俗称应县木塔，建于辽清宁二年（1056年），为我国最具价值的多层木结构古建筑，是世界上现存年代最古老、结构最复杂、高度最高的木结构建筑遗产，在世界建筑史上具有重要地位。应县木塔为传统的楼阁式建筑，除砖石塔基、一层墙体和铁制塔刹外，整体为木制结构。塔高65.84米（自月台正南地面起），塔底层带副阶总面阔30.27米，木塔台基高4米，分上下两层。下层为方形，上层为八角形。木塔除第一层因带副阶外观为重檐外，以上各层均为单檐，共五层六檐。各明层间夹设平坐暗层，故实际为九层。塔身平面布局呈现内、外槽形式。每层内槽柱8根、外槽柱24根，与普拍枋、阑额及地栿一同构成柱框层，上面由铺作层将内外槽柱框连为一体。明层与暗层均如此布置。明层空间宽敞，用于安置佛像及环行礼佛空间。平坐暗层内布置环向、径向斜撑，是结构空间。应县木塔内除有佛像26尊外，还留有辽代风格的珍贵壁画彩绘及明代以来的匾额、楹联等。

2.3.1 佛宫寺释迦塔的勘查

表2-7 底部三层梁栿构件严重残损统计

构件位置	残损类型						残损构件合计
	横向开裂	横向劈裂	局部缺失	炮击受损	劈裂压碎	脱榫	
一层明层	12						12
二层明层	4					3	7
二层平坐		13	2	2	2	1	20
三层明层	3					8	11
三层平坐	1			2	4		7

表2-8 底部三层阑额及普拍枋构件严重残损统计

构件位置	残损类型				残损构件合计
	横向开裂	修补替换	炮击受损	劈裂压碎	
一层明层	12				12
二层明层	6				6
二层平坐	3	3	3	10	19
三层明层	1	2		4	7
三层平坐	7		1		8

中国文化遗产研究院联合中国林科院木工所对应县木塔木构件材质做了较为全面的检测，木塔主要用材为华北落叶松，木塔存在材料老化及构件材性退化等问题，如古木横纹抗压强度退化严重，并伴有开裂现象发生。残损勘察评估结果显示：底部三层木构件中，受弯构件如梁栿、承椽枋、阑额、普拍枋、顺栿串、材枋等出现不同程度的残损，主要类型包括开裂、压碎、劈裂、炮弹击碎、脱榫、严重弯折（图2-3）等，见表2-7～表2-9。特别是通过对木塔数年来的监测也显示木塔二层倾斜程度不断加剧[77]。

表2-9 底部三层材枋构件残损统计

构件位置	残损类型				残损构件合计
	开裂变形	炮击受损	歪闪变形	脱榫	
一层明层	4	1	3	1	9
二层明层		2	1		3
二层平坐	2	2			4
三层明层			1		1
三层平坐		1			1

2.3.2 佛宫寺释迦塔的修缮加固

自建塔至1949年以前，木塔共经历五次大修理。1973年8月，国家文物局组织古建筑专家以及结构工程专家就应县木塔的局部倾斜加固问题进行研讨，随后组织实施了规模较大的维修加固工作。主要结构加固措施包括二层明层西面内槽内侧加设木制三角斜撑减缓倾斜；二层明层内槽地棚下东西两列柱子下设置2道东西向拉结钢筋；二层明层地棚梁用玻璃纤维及铁件加固，并加设水平剪刀撑

图2-3　佛宫寺释迦塔

状木次梁，以加强楼面刚度，提高整体性。同时对部分残损木构件进行了加设铁箍、螺栓、铁扒钉，以及更换等维修。

针对应县木塔存在的结构安全和构件残损问题，近十几年来，国内各方曾先后提出落架大修、抬升维修、现状加固等几种修缮方案，并最终确定了《应县木塔严重倾斜部位及严重残损构件加固方案》。通过“现状修缮”控制或最大程度减少木塔二层明层层间倾斜变形的进一步发展，并试验性加固严重残损构件，改善严重残损构件的受力性能。力争最大限度的减少对文物本体的干预，维护木塔的真实性和完整性。

2.4　示例四：故宫中和殿

故宫中和殿是故宫外朝三大殿之一，位于太和殿后正中，为皇帝赴太和殿大典前休息及接受执事官员朝拜之所。始建于明永乐十八年（1420年），现存木构架形式为明朝天启年间（1627年）所建（图2-4），是紫禁城中路上唯一一座明代建筑遗存。面阔、进深各5间，长、宽为24米，高27米，四面出廊，平面正方形，四角攒尖顶，上覆黄琉璃瓦，中为铜镀金宝顶。殿四面开门，殿内外梁枋均饰金龙和玺彩画，天花为沥粉贴金正面龙。殿内设地屏宝座。中和殿作为明清两代中国历史、文化的重要见证具有极高的价值。

图2-4　故宫中和殿

2.4.1　中和殿某断裂中金檩的勘查

近年来，故宫博物院文保技术人员通过两次对中和殿进行了勘查，发现中和殿明间北面某中金檩存在局部断裂问题。断裂位置位于中金檩与上部趴梁相交处，折断方向为由北向南，由上向下。此外，中金檩断裂后压在下面的中金枋上，从而导致中金枋挠度明显。结合有限元分析表明：中金檩产生局部断裂的主因是中金檩在趴梁作用位置截面有效尺寸不足，造成中金檩受力能力不足及变形过大而形成；中金檩完全断裂后，造成中金枋承受内力剧增，将产生不同形式破坏，因而对中金檩采取及时有效的加固措施极为重要[78]。

2.4.2　中和殿某断裂中金檩的修缮加固

中和殿开裂中金檩最终采取应用CFRP板的加固方案，即在中金枋下部粘贴一层CFRP板，使得CFRP板提供附加抗弯、抗剪承载力，从而起到有效加固效果。另由于CFRP板经过预应力张拉处理，亦可抵消中金檩枋产生的部分挠度，更好地保证了加固效果。通过监测，经CFRP板加固后的中金檩未再发生任何问题，最小干预式的修缮加固取得了理想的效果。

2.5　示例分析

以上四个示例依托精细化勘查成果，或是作为后续制定修缮加固方案的依据，或是已经实施了相应的修缮加固手段。科学严谨的调查不仅充分挖掘了古建筑的价值信息，更避免了不当修缮造成的破坏。但也应看到，在勘查手段日趋丰富完善的同时，与之匹配的适宜性修缮加固技术却相对滞后。

确定古建筑木结构修缮加固技术方案时的最小干预原则，源于向医学伦理的学习——其主旨在于达到特定治疗目标下的“(相对)最小必要措施”。为最大限度“保住古建筑性命(延续寿命、缓解病害)”——既包括结构、材料的又包括价值信息的其他载体的(如彩画、雕刻)，局部拆解之与落架大修可称为“最小干预”，在位保护之与局部拆解可称为“最小干预”，在位加固中FRP板隐蔽式加固之与表面包裹FRP布可称为“最小干预”。最小干预原则作为一种兼具相对性、动态性、发展性的保护思想，推动勘查及修缮加固新技术的不断进步。

以示例中呈现的古建筑木结构受弯构件的典型残损病害，由于梁、枋起承重、拉结作用，檩、垫板等起横向连系作用。受均布荷载，构件跨中弯矩最大，易发生挠度过大、劈裂、断裂等问题。开间大的檩、枋中间部位挠度较大，也常导致檐口部位出现问题。在修缮中，更换和加固均有，应依构件损坏程度和价值进行综合判定。更换构件一般为价值不高且木材糟朽、承载力丧失或大幅下降的情况。加固补强则适用于构件局部损坏但还具有一定承载能力且价值较高的构件进行修缮保护。如受弯构件的断面偏小，构件材料退化衰变引起的刚度不足、挠度过大，承载力不足而采取的加固措施。增强构件抗弯承载力的具体方法，一是增加截面高度，二是增加材料强度。但基于不改变原状的保护原则，增加构件强度成为可行的方法，此时构件表面若有彩画、雕刻、题记等，选择隐蔽式补强加固技术或成为更适宜的方法了。

因此，基于最小干预原则的FRP板隐蔽式修缮加固技术研究遵循该思路，从国内当前古建筑木构件修缮加固的实际需求出发，针对木梁、枋、檩等受弯构件因局部糟朽或截面尺寸削弱以及材料退化造成的挠度过大、承载力不足等问题，通过试验、理论分析与有限元模拟相结合，针对基于最小干预原则的FRP板隐蔽式修缮加固技术对上述构件问题的适宜性修复提升进行系统探索，为精细化勘查到最小干预的修缮加固科学路径的实现提供技术支持和具体参考。

2.6 本章小结

本章通过对近年来国内文保团队对南北方地区古建筑木结构重要遗存——佛

光寺东大殿、保国寺大殿、佛宫寺释迦塔及故宫中和殿所作勘查及修缮加固成果进行分析，认为精细化勘查成果是最小程度干预下修缮加固的重要前提与坚实基础，但在勘查手段日趋丰富完善之时，与之匹配的适宜性修缮加固技术却相对滞后。因此，基于最小干预原则的FRP板隐蔽式修缮加固技术的适宜性正体现在，其适用于木梁、枋、檩等受弯构件因局部糟朽、截面尺寸削弱以及材料退化所造成的挠度过大、承载力不足等病害问题的处理上。同时其价值也反映于坚持不改变原状的前提下，能够最大程度维护构件的真实性与完整性。

第3章　FRP板隐蔽式加固古建筑木梁的基础试验

本章通过落叶松、小叶杨、杉木材性试验及内嵌FRP板与木材粘结锚固性能试验，为后续加固木梁抗弯试验提供材料力学性能及粘接界面性能等基础数据。

3.1　木材、FRP板和碳板胶的材性试验

在论及古建筑木结构构件修缮加固技术时，需首先把握木材、FRP板和碳板胶的材料特点及力学性能。同时，为避免不同批材料间性能差异带来影响，还需通过实验室的试验方法获得取用材料的主要性能指标，亦能为后续理论分析及数值模拟提供依据和参考。

3.1.1　木材材料

木材作为一种天然高分子的建筑材料，其优点为：（1）易于加工；（2）强重比高；（3）是热的不良导体；（4）具有弹性和塑性，破坏前往往有一定的预兆信号，使用时安全感强；（5）具有对紫外线的吸收和对红外线的反射作用；（6）具有调湿性能；（7）纹理通直，材色、花纹美丽。然而与此同时，木材也具有各向异性、粘弹性、湿胀干缩性、易燃性和生物降解性等性质及缺陷[79]。

3.1.1.1　木材宏观构造及三切面

通过肉眼或放大镜观察到的木材结构，称为木材的宏观结构或宏观构造。由于木材构造的不均匀性，所以研究木材的结构必须从木材三个切面（横切面、径切面、弦切面）入手。对于木结构古建筑用材，应重点掌握的宏观结构特征包

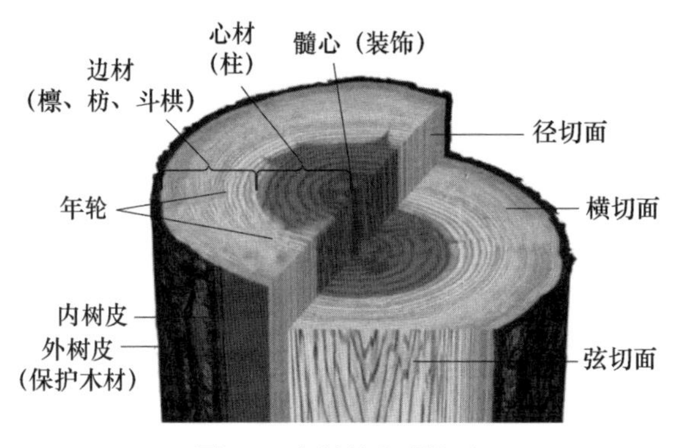

图3-1 木材的宏观构造

括：心材和边材、生长轮或年轮、早材和晚材等（图3-1）。

木材的横切面是指与树干主轴垂直的切面，该切面上，生长轮呈同心圆状，木材的顺纹抗压强度同横切面紧密相关；木材的径切面是指与木射线平行的纵切面，该切面上，生长轮呈平行线状，木材的顺纹抗弯强度和顺纹抗剪强度同径切面紧密相关；弦切面是指与木射线垂直的纵切面，该切面上，生长轮呈抛物线状，木材的顺纹抗剪强度和横纹抗压强度与弦切面紧密相关[80]。

从树木横切面或弦切面上观察，树木外围部位颜色较浅的木材称为边材；中心部位颜色比较深的木材称为心材。心材是制作加工古建筑木结构构件的首选材料。

树木在一个生长周期内生长一层木材称为生长轮。寒带及温带地区的树木一年内仅生长一层木材称为年轮。每一年轮是由两部分木材组成。靠近髓心一侧，树木每年生长季节早期形成的部分木材称为早材，该部分细胞分裂速度快，细胞壁薄，形体较大，材质较松软，材色浅；而靠近树皮一侧，树木每年生长后期形成的部分木材称为晚材，该部分细胞分裂速度减慢并逐渐停止，形成的细胞腔小而壁厚，材色深，组织较致密[81]。

3.1.1.2 木材的物理性质

木材的密度，含水率以及其他物理性质，均会直接影响古建筑木结构构件的强度与使用。

（1）木材的密度

木材密度是指单位体积内木材的重量，单位为g/cm^{3}或kg/m^3，依密度值可以推算木材的重量，判断木材的工艺和力学性质。木材密度可分为生材密度、基本密度、气干密度和全干密度四种[82]。在木结构设计中常用木材的气干密度值。木材气干密度试验方法按照国家标准GB/T 1933-2009的相关规定进行。

木材密度大小主要取决于木材空隙度，即木材细胞壁中物质含量的多少，木材空隙率越小，则其密度越大，反之则密度越小。木材密度是衡量建筑结构用木材性质优劣的一个重要指标。木材密度与力学强度之间成正比关系，即在含水率相同的情况下，木材密度大则木材强度也大，它是判断木材强度的便捷指标。影响木材密度大小变化的主要因素有树种、晚材率、含水率等。如落叶松通常是树干基部木材的密度最大，自树基向上逐渐减小，但在树冠部位由于枝丫小节的存在，木材密度则略有增大。

（2）木材的含水率

依据水分与木材的结合形式与存在的位置，木材中的水分可分为化学水、自由水与吸着水。木材中所含有的、而非化学结合水分的多少称作木材的含水率。当木材在空气中吸收水分和散失水分的速度相等，达到动态平衡、相对稳定时的含水率称为木材平衡含水率[83]。木材平衡含水率在木结构建筑设计和古建筑木构件修缮中具有重要指导意义。木构件在加工前，必须将木材干燥到与使用地区相适应的木材平衡含水率，才能保证其质量。如北京地区的木材平衡含水率年平均值为11.4%。

3.1.1.3 木材的力学性质

木材的力学性质一般是指木材的强度，具体则涵盖了木材的抗压、抗拉、抗弯、抗剪等物理力学性质[84]。木材的强度值还与木材的密度、含水率以及早晚材等因素相关。

（1）木材的抗拉强度

单位截面木材抵抗拉伸变形的最大能力，称为抗拉强度。依据外力作用于木材纹理的方向，木材抗拉强度分为顺纹抗拉强度和横纹抗拉强度。木材顺纹抗拉强度是指木材沿纹理方向承受拉伸荷载，因拉伸而在破坏前瞬间产生的最大抵抗能力。木材的顺纹抗拉强度是木材的最大强度，该强度的试验方法按国家标准GB/T 1938-2009的相关规定进行。

（2）木材的抗压强度

按外力作用于木材纹理的方向，木材抗压强度分为顺纹抗压强度和横纹抗压强度。木材顺纹抗压强度是指单位面积木材沿纹理方向承受压缩荷载的最大能力。该强度的试验方法按国家标准 GB/T 1935-2009 的相关规定进行。

（3）木材的抗弯强度和抗弯弹性模量

木材抗弯强度是指木材承受横向施加弯曲荷载的最大能力，又称静曲强度。在静力荷载下，木材弯曲特性主要取决于顺纹抗拉和顺纹抗压强度之间的差异。该强度的试验方法按国家标准 GB/T 1936.1-2009 的相关规定进行。

木材抗弯弹性模量是指结构用木材受力弯曲时，在比例极限内应力与应变之比。木材抗弯弹性模量代表木材的刚性或弹性，表示在比例极限以内应力与应变之间的关系。木材抗弯弹性模量的试验方法按国家标准 GB/T 1936.2-2009 的相关规定进行。

（4）木材的抗剪强度

抗剪强度是指木材抵抗剪切应力的最大能力。木材顺纹抗剪强度较小，平均只有顺纹抗压强度的10%～30%。该强度的试验方法按国家标准 GB/T 1937-2009 的相关规定进行。

（5）木材力学性质的各向异性

由于组成木材的绝大多数细胞组织是平行树干成轴向排列的，仅木射线为垂直于树干成径向排列的细胞组织，此外木材细胞多为中空的管状细胞或方形细胞，其细胞壁各层的微纤丝排列方向不同，加上构成微纤丝的结晶均为单斜晶等，因而导致了木材在弦向、径向、纵向上的物理力学性质不尽相同，即木材是正交各向异性的材料。其主要力学强度变异规律如下：抗拉强度为纵向抗拉强度远大于横向抗拉强度，而径向又大于弦向；抗压强度同抗拉强度规律近似；抗弯强度为针、阔叶树材的径向抗弯强度约等于弦向抗弯强度；弹性模量则为抗拉、抗压和抗弯的弹模近似相等。

（6）影响木材力学性质的其他因素

古建筑木结构构件的力学性质同时还受到木材含水率和木材缺陷的影响。

木材含水率对木材力学性质的影响，是指在纤维饱和点以下木材水分变化时，给木材力学性质带来的影响。含水率在纤维饱和点以下，木材强度随着木材水分的减少而增高，随着水分的升高而降低。即木材强度的对数值与含水率呈直线关系。因此在测定木材强度时需按照国家标准《木材物理力学试验方法总则》（GB/T 1928-2009）将测得结果调整至含水率为12%时的强度值。

木材缺陷破坏了木材的正常构造，直接影响了木材的力学性质，其影响程度视缺陷的种类、质地、尺寸和分布等而不同。典型的缺陷包括：树节、斜纹、干缩裂缝、虫蛀、腐朽等。此外随着木材尺寸的不断扩大，天然缺陷的影响对于木材强度的影响也越大，木材的强度就越低。

3.1.1.4　木材材性试验

本次研究用木材的材性试验在中国林业科学研究院木材工业研究所实验中心进行，主要测试三种木材（落叶松、小叶杨、杉木）的顺纹抗拉强度、顺纹抗压强度、顺纹抗剪强度、抗弯强度及抗弯弹性模量。材性试验均按照相关国家标准开展，试件锯解及试样截取符合国家标准《木材物理力学试件锯解及试样截取方法》（GB/T 1929-2009）的要求。

（1）木材顺纹抗拉强度测试

试验原理为沿试样顺纹方向，以均匀速度施加拉力至破坏，以求出木材的顺纹抗拉强度。试验机的十字头、卡头或其他夹具行程不小于400 mm，夹钳的钳口尺寸为10～20 mm，并具有球面活动接头，以保证试样沿纵轴受拉，防止纵向扭曲。测量工具为游标卡尺，测量尺寸精确至0.1 mm。试样的形状和尺寸，见图3-2。试样纹理通直，生长轮的切线方向垂直于试样有效部分（指中部60 mm一段）的宽面。试样有效部分与两端夹持部分之间的过渡弧表面应平滑，并与试样中心线相对称。将试样两端夹紧在试验机的钳口中，使试样宽面与钳口相接触，两端靠近弧形部分露出20～25 mm，竖直地安装在试验机上。以均匀速度加荷，在1.5～2.0 min内使试样破坏，破坏荷载精确至100 N。如拉断处不在试样有效部分，试验结果应予舍弃。试验后立即记录破坏荷载，并在试样有效部分选取一段，测定其含水率[85]。

（2）木材顺纹抗压强度测试

试验原理为沿木材顺纹方向以均匀速度施加压力至破坏，以得出木材的顺纹抗拉强度。试验机具有球面活动接头，测量工具为游标卡尺，测量尺寸精确至0.1 mm。试样尺寸为30 mm×20 mm×20 mm，长度为顺纹方向。将试样放在试验机球面活动支座的中心位置，以均匀速度加荷，在1.5～2.0 min内使试样破坏，破坏荷载精度为100 N（见图3-3）。试样试验后，立即记录破坏荷载值并测定其含水率[86]。

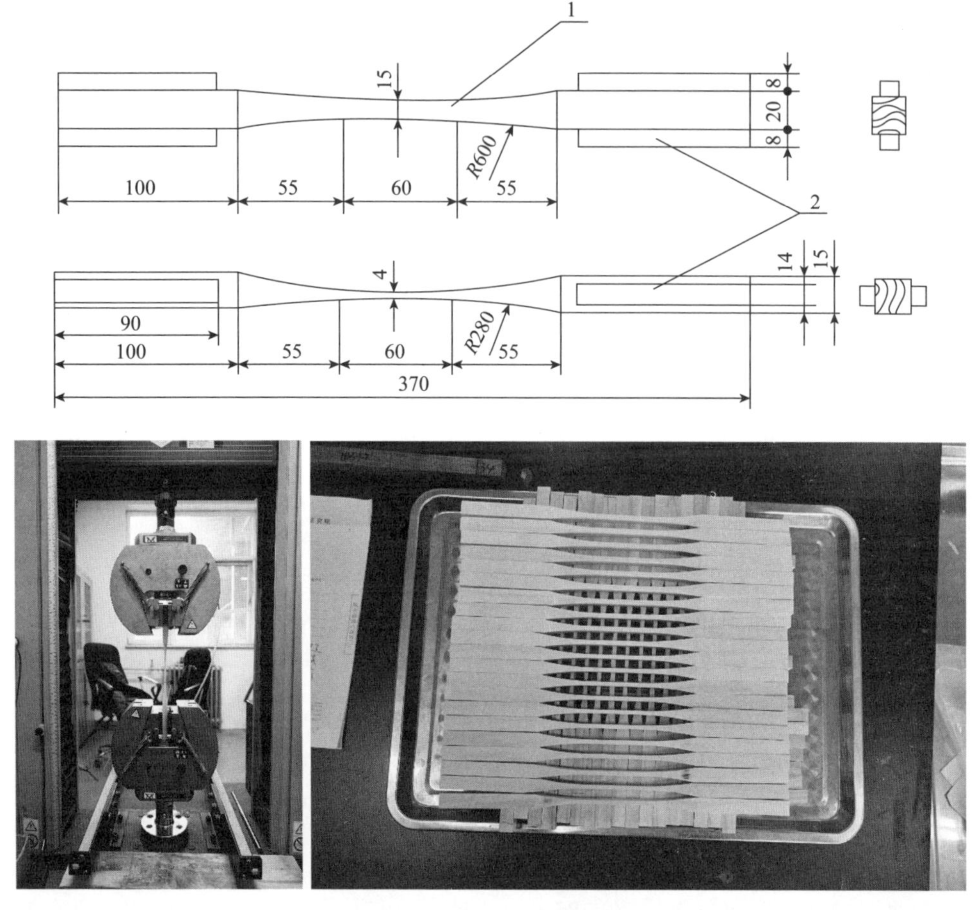

图3-2 木材顺纹抗拉试验

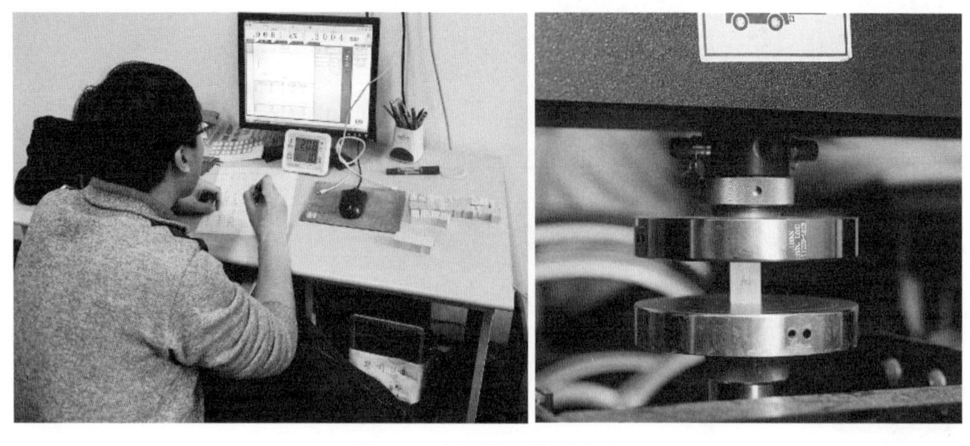

图3-3 木材顺纹抗压试验

（3）木材顺纹抗剪强度测试

试验原理为由加压方式形成的剪切力，使试样一表面对另一表面顺纹滑移，以测定木材顺纹抗剪强度。试验机具有球面滑动压头，测量工具为游标卡尺，测量尺寸精确至0.1 mm。试样形状和尺寸如图3-4，试样受剪面为径面，长度为顺纹方向。将试样放在试验机上，以均匀速度加荷，在1.5～2.0 min内使试样破坏，荷载读数精确至10 N。试样试验后，立即记录破坏荷载值并测定其含水率[87]。

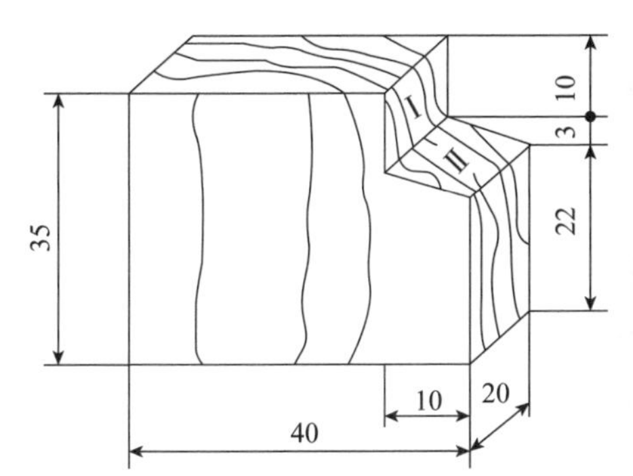

图3-4　木材顺纹抗剪试验

（4）木材抗弯强度及抗弯弹性模量测试

试验原理为在试样长度中央以均匀速度加载至破坏，以求出木材的抗弯强度。试验机的支座及压头端部的曲率半径为30 mm，两支座间距离为240 mm。测量工具为游标卡尺，测量尺寸精确至0.1 mm。百分表的量程为0～10 mm，精确至0.01 mm。试样尺寸为300 mm×20 mm×20 mm，长度为顺纹方向。试验中先测定抗弯弹性模量后再进行抗弯强度试验。（图3-5）将试样放在试验机上，测量试样变形的下、上限荷载则取300～700 N，试验机以均匀速度先加荷至下限荷载，立即读百分表指示值，读至0.005 mm，并记录，然后经15～20 s加荷至上限荷载，随即卸荷，如此反复三次，每次卸荷稍低于下限，然后再加荷至下限荷载[88]。抗弯强度试验，则在支座间试样中部的径面以均匀速度加荷，在1.0～2.0 min内使试样破坏，破坏荷载读数精确至10 N。试样试验后，立即记录破坏荷载值并测定其含水率[89]。

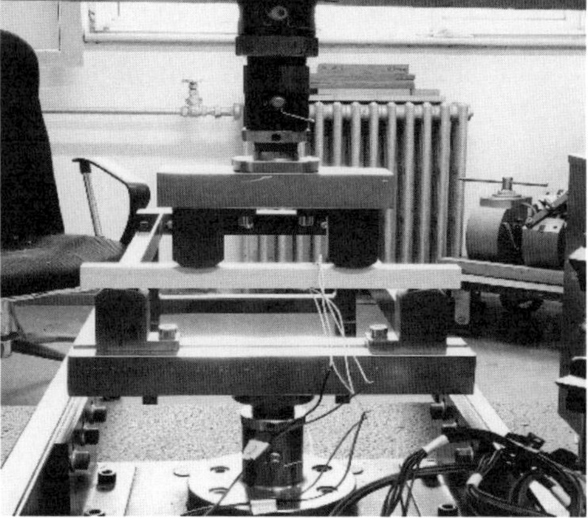

图3-5 木材抗弯弹模及抗弯强度试验

（5）木材材性试验结果

木材材性试验结果详见表3-1～表3-5。

表3-1 木材顺纹抗拉强度试验结果

树种	试件编号	含水率	试件宽度（mm）	试件厚度（mm）	试验强度（MPa）	含水率12%时强度（MPa）
落叶松	01	11.2%	14.97	4.22	135.87	135.84
	02	11.5%	14.70	4.07	137.46	137.45
	03	11.9%	14.74	4.04	124.59	124.59
	04	12.1%	14.53	4.05	131.42	131.42
	05	12.4%	14.47	4.14	133.56	133.57
小叶杨	01	11.7%	15.00	4.37	50.97	50.97
	02	11.9%	15.03	4.32	54.20	54.20
	03	12.2%	14.88	3.9	47.48	47.48
	04	12.4%	14.76	4.29	48.04	48.04
	05	11.6%	15.26	4.45	50.21	50.20
杉木	01	12.1%	14.36	4.24	64.68	64.68
	02	12.0%	14.65	4.06	56.67	56.67
	03	11.8%	14.53	3.9	61.10	61.10
	04	12.3%	14.61	4.13	67.82	67.82
	05	11.7%	15.28	4.06	57.53	57.53

表3-2 木材顺纹抗压强度试验结果

树种	试件编号	含水率	试件宽度（mm）	试件厚度（mm）	试验强度（MPa）	含水率12%时强度（MPa）
落叶松	01	11.5%	20.20	20.34	48.98	48.97
	02	11.8%	20.48	20.18	47.31	47.31
	03	12.0%	20.10	20.20	51.95	51.95
	04	12.3%	20.36	20.27	49.86	49.87
	05	12.2%	20.37	20.24	49.90	49.90
小叶杨	01	11.4%	20.07	20.15	37.47	37.46
	02	11.7%	19.81	19.83	39.14	39.13
	03	12.1%	20.03	20.16	38.09	38.09
	04	12.0%	19.80	19.99	39.61	39.61
	05	11.9%	20.05	20.08	39.19	39.19
杉木	01	12.0%	20.56	20.35	37.46	37.46
	02	12.2%	20.55	20.41	35.24	35.24
	03	11.7%	20.44	20.51	38.16	38.15
	04	12.0%	20.37	20.36	38.29	38.29
	05	11.5%	20.52	20.47	36.66	36.65

表3-3 木材顺纹抗剪强度试验结果

树种	试件编号	含水率	试件宽度（mm）	试件厚度（mm）	试验强度（MPa）	含水率12%时强度（MPa）
落叶松	01	11.7%	25.96	20.00	10.73	10.73
	02	11.8%	25.88	20.05	10.83	10.83
	03	11.5%	25.60	19.70	10.65	10.65
	04	12.3%	25.58	19.90	11.16	11.16
	05	12.1%	25.73	19.64	10.73	10.73
小叶杨	01	11.9%	25.41	19.98	5.33	5.33
	02	11.9%	25.69	20.09	5.37	5.37
	03	12.4%	25.59	20.14	5.55	5.55
	04	12.1%	25.65	20.05	5.66	5.66
	05	11.5%	25.53	20.13	6.44	6.44

续表

树种	试件编号	含水率	试件宽度（mm）	试件厚度（mm）	试验强度（MPa）	含水率12%时强度（MPa）
杉木	01	12.5%	25.78	19.72	4.56	4.56
	02	12.2%	25.72	19.81	5.14	5.14
	03	11.6%	25.68	19.99	4.79	4.79
	04	12.1%	25.96	19.80	4.71	4.71
	05	11.9%	25.90	19.91	4.40	4.40

表3-4 木材抗弯弹性模量试验结果

树种	试件编号	含水率	试件宽度（mm）	试件厚度（mm）	弹性模量（MPa）	含水率12%时弹性模量（MPa）
落叶松	01	11.3%	20.15	21.21	11355	11354
	02	12.1%	20.44	20.75	15570	15570
	03	11.6%	21.63	20.31	15245	15244
	04	12.0%	20.52	21.04	14354	14354
	05	12.4%	20.82	20.07	13760	13761
小叶杨	01	11.7%	20.26	20.72	9255	9255
	02	12.2%	21.18	20.23	11730	11730
	03	11.8%	21.14	20.40	12280	12280
	04	11.7%	20.42	20.64	10865	10865
	05	12.1%	20.27	20.61	9870	9870
杉木	01	12.3%	21.14	20.56	8460	8460
	02	11.8%	20.33	21.06	7055	7055
	03	12.0%	20.50	20.29	6925	6925
	04	11.5%	21.32	20.11	7830	7829
	05	12.4%	20.01	21.59	7130	7130

表3-5 木材抗弯强度试验结果

树种	试件编号	含水率	试件宽度（mm）	试件厚度（mm）	试验强度（MPa）	含水率12%时强度（MPa）
落叶松	01	11.3%	20.15	21.21	90.69	90.67
	02	12.1%	20.44	20.75	106.66	106.66
	03	11.6%	21.63	20.31	103.71	103.69
	04	12.0%	20.52	21.04	99.17	99.17
	05	12.4%	20.82	20.07	101.52	101.54

续表

树种	试件编号	含水率	试件宽度（mm）	试件厚度（mm）	试验强度（MPa）	含水率12%时强度（MPa）
小叶杨	01	11.7%	20.26	20.72	42.84	42.84
	02	12.2%	21.18	20.23	48.35	48.35
	03	11.8%	21.14	20.40	57.71	57.71
	04	11.7%	20.42	20.64	53.67	53.66
	05	12.1%	20.27	20.61	52.48	52.48
杉木	01	12.3%	21.14	20.56	81.85	81.86
	02	11.8%	20.33	21.06	78.82	78.81
	03	12.0%	20.50	20.29	80.41	80.41
	04	11.5%	21.32	20.11	89.87	89.85
	05	12.4%	20.01	21.59	86.62	86.63

对于落叶松、小叶杨及杉木的主要材料力学性能测试结果均取平均值（表3-6）用于之后的试验分析及研究中。通过比较可见落叶松的材料力学性能在三者中最优。

表3-6　木材材料力学性能测试值的平均值

落叶松				
顺纹抗拉强度（MPa）	顺纹抗压强度（MPa）	顺纹抗剪强度（MPa）	抗弯弹模（MPa）	抗弯强度（MPa）
132.58	49.60	10.82	14060	100.35
小叶杨				
顺纹抗拉强度（MPa）	顺纹抗压强度（MPa）	顺纹抗剪强度（MPa）	抗弯弹模（MPa）	抗弯强度（MPa）
50.81	38.70	5.67	10800	51.01
杉木				
顺纹抗拉强度（MPa）	顺纹抗压强度（MPa）	顺纹抗剪强度（MPa）	抗弯弹模（MPa）	抗弯强度（MPa）
61.56	36.47	4.72	7480	83.51

3.1.2 FRP材料

3.1.2.1 碳纤维及玻璃纤维材料的特点

碳纤维（Carbon Fiber，简称CF）是含碳量高于90%的无机高分子纤维材料，碳纤维对一般的有机溶剂、酸、碱都具有良好的耐腐蚀性，不溶不胀，完全不存在生锈问题。碳纤维除了具有一般碳素材料的特性外，还具有显著的各向异性特点，可加工成各种织物。碳纤维可分别用聚丙烯腈纤维、沥青纤维、粘胶丝或酚醛纤维经碳化制得。应用较普遍的碳纤维主要是聚丙烯腈碳纤维和沥青碳纤维。碳纤维的制造包括纤维纺丝、热稳定化（预氧化）、碳化、石墨化等4个过程。其间伴随的化学变化包括脱氢、环化、预氧化、氧化及脱氧等[90]。

玻璃纤维（Glass Fiber，简称GF）是一种性能优异的无机非金属材料，其优点是绝缘性好、耐热性强、抗腐蚀性好，机械强度高，但缺点是性脆、耐磨性较差。玻璃纤维由叶腊石、石英砂、石灰石、白云石、硼钙石、硼镁石等矿石原料经高温熔制、拉丝、络纱、织布等工艺制成[91]。

纤维增强复合材料（Fiber Reinforced Polymer，简称FRP）是由增强纤维材料，如碳纤维、玻璃纤维等，与基体材料（如环氧树脂）经过缠绕、模压或拉挤等成型工艺而形成的复合材料。土木建筑领域中应用最多的是FRP片材，如FRP板、FRP布等。FRP板具有密度小、抗拉强度高、重量轻、耐老化等优点。以碳纤维板为例，其单层加固效果相当于4～8层碳纤维布的加固效果。FRP材料也表现为各向异性的特点，在纤维方向的强度和弹模较高，而垂直纤维方向的强度和弹模则较低。

3.1.2.2 FRP片材的材性

本研究选用国产西卡牌CFP型CFRP板和北京玻钢院产GFRP板。两种板材的具体性能指标由生产厂家依国标按照相应试验方法获得，详见表3-7。

表3-7 FRP板材的力学性能指标

主要性能指标	CFRP板	GFRP板
抗拉强度标准值	≥2400 MPa	≥500 MPa
伸长率	≥1.7%	≥1.5%
受拉弹性模量	160 GPa	26 GPa
层间剪切强度	≥50 MPa	≥24 MPa

3.1.3 粘接剂材料

在土木建筑结构加固工程中，粘接剂对FRP材料强度的发挥起着关键作用，因此应选用性能良好而稳定的粘接剂。国内外常采用的环氧树脂型粘接剂，具有固化后的胶层物理机械性能和粘结性能优异，强度高，韧性好，耐久性好，收缩率低，长期受力性能好，易于施工，以及经济性好等特点[92]。

本次研究选用的环氧树脂型粘结剂为瑞士西卡牌Sikadur-30CN型及国产卡本牌CEPR-A/B型碳板胶，均适用于粘贴FRP片材。

Sikadur-30CN是一种触变型双组份、无溶剂结构粘结剂，主要成分是环氧树脂和特殊填料，该胶满足GB50367-2013表4.5.3中A级胶的要求，满足GB50550-2010表4.4.6涂刷型纤维复合材结构胶中板材A级胶的要求。其外观颜色：Part A为白色，Part B为黑色，混合后为浅灰色。密度为23℃时1.45kg/L（A+B组份混合）。固化后可使用温度的范围为−40～+45℃。施工条件：Sikadur-30CN必须在10～35℃之间施工，施工前混合时，按组分A∶B=3∶1（重量比）进行操作。

卡本CEPR-A/B型属Sikadur-30CN型的同类国产产品，满足GB50367-2013及GB50550-2010、GB50728-2011的要求，两种胶的性能相近，CEPR-A/B型在施工前混合时，按组分A∶B=2∶1（重量比）进行操作。两胶具体性能指标由生产厂家依据国标按照相应试验方法获取，详见表3-8。

表3-8 碳板胶的力学性能指标

性能项目		性能要求	
		Sikadur-30CN	卡本CEPR-A/B
胶体性能	抗拉强度（MPa）	≥40	≥40
	受拉弹性模量（MPa）	≥3200	≥2500
	伸长率（%）	≥1.5	≥1.5
	抗弯强度（MPa）	≥60	≥50
	抗压强度（MPa）	≥70	≥70
粘结能力	钢-钢拉伸抗剪强度标准值（MPa）	≥14	≥14
	不挥发物含量（固体含量）(%)	≥99	≥99
	湿热老化90d后拉剪强度降低率（%）	≤10	≤10

适用于涂刷	结构胶粘剂类别	工艺性能指标				
		触变指数	25℃下留垂度（mm）	在各季节试验温度下测定的适用期（min）		
				春秋用（23℃）	夏用（30℃）	冬用（10℃）
	Sikadur-30CN	≥6.35	0	80	76	83
	卡本CEPR-A/B	≥4.0	≤2.0	≥50	≥40	50～180

固化时间与固化温度、抗拉强度（MPa）间的关系	固化时间	固化温度	
		23℃	35℃
	1天	10-13	34-38
	3天	35-40	40-45
	7天	38-45	42-47

固化时间与固化温度、拉伸抗剪强度（MPa）平均值间的关系	固化时间	固化温度	
		23℃	35℃
	1天	14	16
	3天	17	19
	7天	20	21

3.2 表面嵌贴FRP板与古建筑木材的粘结锚固性能试验研究

鉴于FRP板与中国古建筑常用木材的粘结性能研究的不足，制约了FRP板隐蔽式加固技术在木结构古建筑修缮中的推广应用。本章开展表面嵌贴FRP板与落叶松新材的粘结性能试验研究，考虑了FRP板类型、粘结长度及厚度的影响，亦能为进一步的理论分析及数值模拟提供参考。

3.2.1　试验设计与方法

3.2.1.1　试验设计和制作

试验考虑了CFRP板、GFRP板与木材的不同粘结长度以及CFRP板厚度和不同开槽宽度等因素对粘结锚固性能的影响，共设计4组22根试件的双剪试验，试件的截面尺寸与后续缩尺梁抗弯试验试件相同，见表3-9。试件形式见图3-6。

表3-9　试件设计方案

试件编号	FRP板材类型	试件长、宽、高度（mm）	开槽长、宽、高度（mm）	FRP-木材粘结长度（mm）	FRP单板厚度（mm）	FRP板宽度（mm）
D01	CFRP	200×60×90	200×6×30	200	2.0	30
D02	CFRP	200×60×90	200×6×30	200	2.0	30
D03	CFRP	150×60×90	150×6×30	150	2.0	30
D04	CFRP	150×60×90	150×6×30	150	2.0	30
D05	CFRP	150×60×90	150×6×30	100	2.0	30
D06	CFRP	150×60×90	150×6×30	100	2.0	30
D07	CFRP	200×60×90	200×18×30	200	2.0	30
D08	CFRP	200×60×90	200×18×30	200	2.0	30
D09	CFRP	150×60×90	150×18×30	150	2.0	30
D10	CFRP	150×60×90	150×18×30	150	2.0	30
D11	CFRP	150×60×90	150×18×30	100	2.0	30
D12	CFRP	150×60×90	150×18×30	100	2.0	30
D13	CFRP	150×60×90	150×10×30	150	4.0	30
D14	CFRP	150×60×90	150×10×30	150	4.0	30
D15	CFRP	150×60×90	150×8×30	150	3.0	30
D16	CFRP	150×60×90	150×8×30	150	3.0	30
D17	GFRP	200×60×90	200×6×30	200	2.0	30

续表

试件编号	FRP板材类型	试件长、宽、高度（mm）	开槽长、宽、高度（mm）	FRP-木材粘结长度（mm）	FRP单板厚度（mm）	FRP板宽度（mm）
D18	GFRP	200×60×90	200×6×30	200	2.0	30
D19	GFRP	150×60×90	150×6×30	150	2.0	30
D20	GFRP	150×60×90	150×6×30	150	2.0	30
D21	GFRP	150×60×90	150×6×30	100	2.0	30
D22	GFRP	150×60×90	150×6×30	100	2.0	30

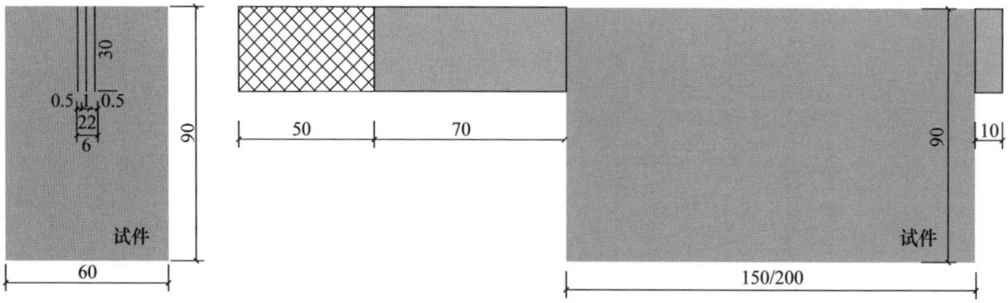

图3-6　试件尺寸及外观（单位：mm）

本次试验用木材与缩尺梁试件均取自同一批次东北落叶松心材。CFRP板由卡本复合材料（天津）有限公司提供，厚度为2.0 mm。GFRP板由北京玻钢院有限公司提供，厚度为2.0 mm。碳板胶为西卡（中国）有限公司提供的Sikadur-30CN。

为便于量测内嵌FRP板与木材界面的应变值，同时防止应变片影响界面的粘结性能，故将应变片粘贴于板内侧，而后将两块FRP板叠合为一个试件。具体的制作流程是：

（1）裁切板及木试件：通过切割机和台锯，将FRP整板切割成若干30 mm宽的板条。经测量，尺寸误差不超过±0.5 mm，板厚误差不超过±0.02 mm；裁切制作木试件时，通过称重确保相同尺寸试件间的重量差不超过5%。

（2）粘贴铝片及应变片：为防止加载过程中FRP板打滑，在FRP板外侧粘贴与板等宽的厚度为0.5 mm的铝板。待铝板粘牢后，将FRP板条用无水乙醇反复擦拭，确保板表面干净。按设计画线、定位，用502胶水粘贴，将尺寸为5 mm×3 mm的应变片贴在板内侧相应位置，并用镊子将应变片的长引线压弯，置于板外（图3-7）。

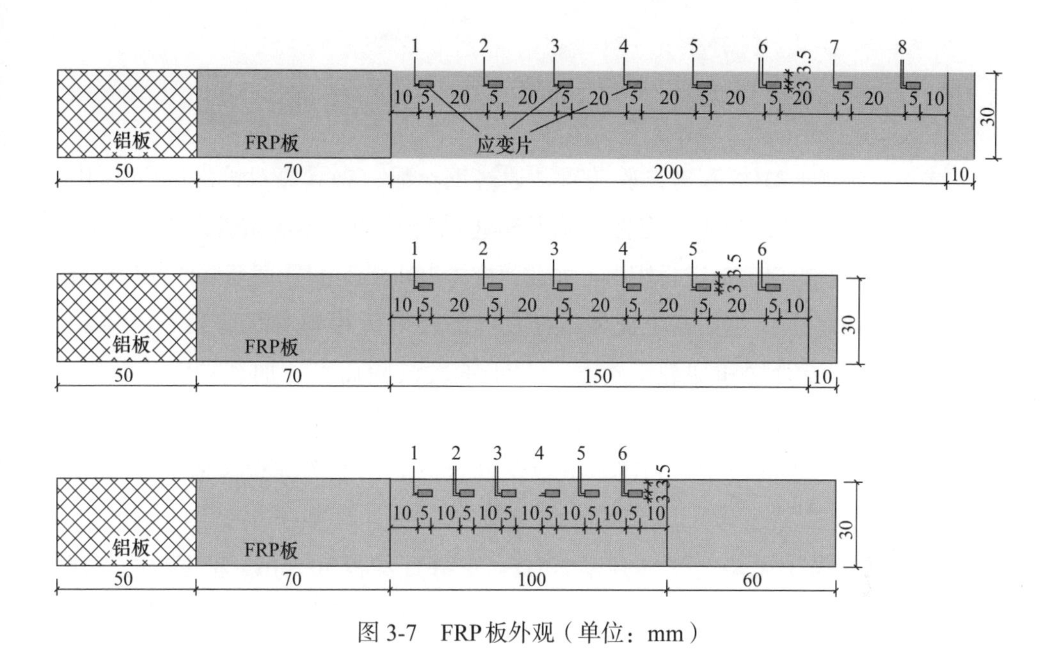

图 3-7　FRP板外观（单位：mm）

（3）粘板：先在未贴应变片的板条上均匀涂抹Sikadur-30CN碳板胶，粘结剂用量应稍大，再将另一板条对准、压上，稍用力将多余的胶挤出，并清理干净。通过游标卡尺测量，保证叠合后的FRP板总厚度为5.0±0.2 mm。随后用铁夹子将板条夹紧，在23 ℃的室温下水平放置，养护72小时后再嵌入木槽中。

（4）开槽：开槽工具为台锯，切割前先在木试件表面定位、画线，切割过程中也采取严格控制措施，确保开槽的长、宽及深度尺寸。随后用气枪将槽内的灰尘、碎木屑等吹出，清理干净。

（5）将FRP板条嵌入槽中：用胶枪、刮板等将Sikadur-30CN粘结剂注入槽内，随后将叠合好的FRP板条缓慢压入槽中，待板条上端距离梁上表面约1 mm处，停止压入，清除多余的胶，并压实、抹平槽表面的胶。对于粘结长度为100 mm的FRP板则用透明胶带将粘结长度以外的部分包裹牢固后再嵌入槽中。

（6）养护：将嵌入FRP板的木试件水平静置于室温23 ℃的环境中养护7天。

（7）粘贴端子板：将已引出板外的应变片长引线与一端已连接导线的端子板触点焊牢，并将端子板粘贴于相临的木材表面，最后将长引线及端子板触点表面用704硅橡胶涂抹包裹，防止试验中发生短接。

3.2.1.2 试件加载与测量

试验设计的FRP板双剪试验装置，通过钢丝绳、夹具等对试件进行了相应的固定和连接，可使FRP板定位准确并防止试件移动。本次试验采用电子万能试验机对试件中的FRP板进行拔出，加载速度为2.0 mm/min，直至试件发生破坏。试验测量的内容主要包括FRP板和木材之间的相对滑移和实时荷载等。FRP板的滑移包括远端滑移和加载端滑移，对于本次试验而言，加载端滑移较易获取，因此将2支位移计对称放置于FRP板的加载端并尽量靠近木块下边缘。为了获得粘结区内不同位置处FRP板的应变分布情况，本次试验在粘结区内FRP板的相应位置粘贴了若干应变片。位移计和应变片读数采用德国IMC8通道动态应变测量系统采集，采样频率20Hz。位移计量程30 mm，精度等级一级，最小分辨率10^{-3} mm。应变计采用浙江台州黄岩测试仪器厂生产的电阻应变计，型号BX120-5AA，敏感栅长宽尺寸5 mm×3 mm，电阻119.9±0.1 Ω，精度等级A级，灵敏系数2.08±1%。试验中位移计和应变片布置如图3-8（a）、（b）所示。

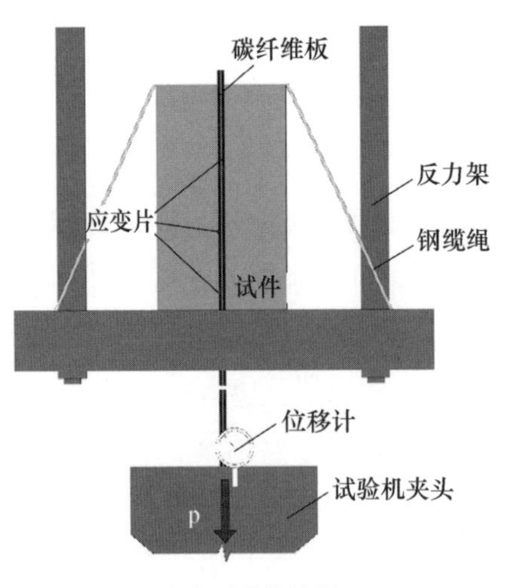

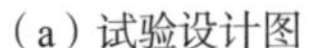
（a）试验设计图

（b）试验照片

图3-8 试验设计图和照片

3.2.2　试验结果与分析

3.2.2.1　试验现象

由试验所用加固技术的特点可知表面嵌贴是三介质（木材、粘结剂、FRP）、两界面（FRP—粘结剂、粘结剂—木材）粘结体系，受力较为复杂，其破坏形式也较多样。通过本次试验观察发现：试件D01～D06、D13～D16以及D17～D22均发生了沿粘结面附近木材的失效破坏。在加载前期，FRP板与木试件的滑移量很小，到达极限荷载时，木试件发出明显的撕裂声，FRP板、胶体并连同周边部分木纤维一起从木块中整体拔出，发生沿粘结面附近木材的失效破坏，见图3-9（a）。试件D07～D12则发生了CFRP板与胶层的粘结失效破坏。在加载至极限荷载前，滑移量都很小，到达极限荷载时，发出明显的结构胶破裂的声响，随后CFRP板与木试件的滑移速度显著增大，荷载则逐渐减小，CFRP板逐渐从木试件中拔出，且表面未粘附胶体，木试件和胶层仍为整体，见图3-9（b）。综上所述，所有试件的破坏类型均属界面粘结失效破坏。

（a）　　（b）

图3-9　典型试件破坏模式

3.2.2.2　主要试验结果

试件的主要试验结果如表3-10所示。由于FRP板与木材的粘结应力沿板嵌贴长度方向分布不均，因此应用平均粘结应力对各试件进行比较分析。平均粘结应力计算如式3-1所示。

表 3-10 主要试验结果

试件编号	极限荷载（kN）	粘结面积（cm^2）	平均粘结应力（MPa）	加载端最大滑移量（mm）
D01	45.2	120	3.76	12.12
D02	46.3	120	3.86	10.69
D03	34.8	90	3.87	9.88
D04	35.2	90	3.91	11.90
D05	28.2	60	4.70	6.91
D06	30.3	60	5.05	14.61
D07	57.9	120	4.83	12.38
D08	61.3	120	5.11	13.00
D09	46.3	90	5.14	6.38
D10	45.5	90	5.06	11.53
D11	50.1	60	8.35	18.44
D12	49.3	60	8.22	8.26
D13	49.8	90	5.53	10.41
D14	47.3	90	5.26	10.65
D15	46.2	90	5.13	12.94
D16	46.4	90	5.16	10.92
D17	27.7	120	2.31	11.17
D18	26.2	120	2.18	10.69
D19	24.1	90	2.68	12.58
D20	22.3	90	2.48	11.76
D21	20.4	60	3.40	14.31
D22	19.7	60	3.28	12.02

$$\tau=\frac{P}{A} \tag{3-1}$$

式（3-1）中，τ为平均粘结应力，P为拉力，A为粘结面积。

3.2.2.3 粘结滑移曲线

FRP板与木材的粘结性能可用平均粘结应力和两者的相对滑移量来描述，本文采用试验中加载端滑移作为度量依据，获取到的各试件宏观粘结滑移曲线如图3-10所示。

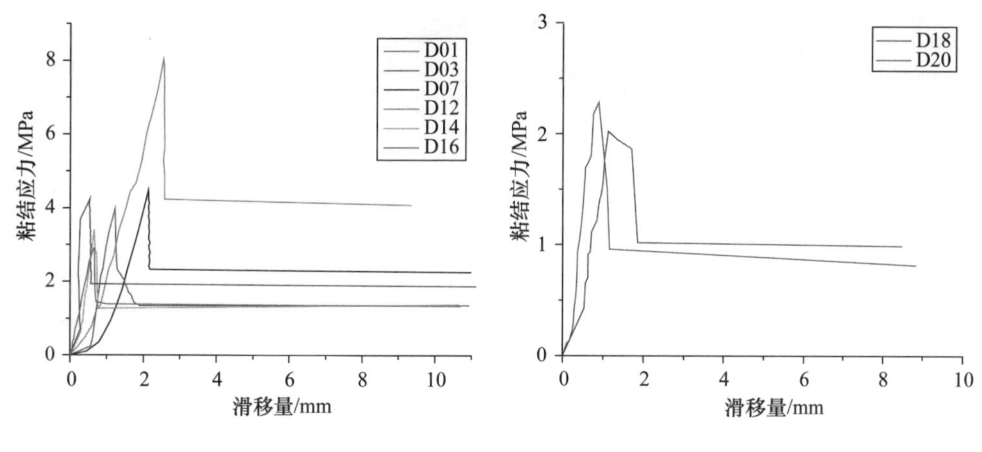

图3-10 试件粘结滑移曲线

根据试验数据分析得到的宏观粘结滑移曲线呈现三段式。上升段：粘结滑移曲线基本呈直线，该阶段粘结应力快速上升，此时FRP板与胶层之间的粘结力主要为胶体的化学粘结力。当粘结应力继续上升至峰值时，FRP板与胶层的化学粘结力由加载端沿界面向自由端逐渐受到破坏，增加的粘结应力主要为摩擦力和机械咬合力；下降段：粘结应力达到峰值后，机械咬合力急剧减小，滑移量快速增大，FRP板从胶层中缓慢拔出。此阶段的粘结力主要为摩擦力和机械咬合力，其中摩擦力所占比重逐渐增大；残余段：第三段水平直线段代表残余摩擦的存在。该阶段的滑移量持续增大，直至FRP板被完全拔出。该阶段的机械咬合力已被破坏，粘结力主要由摩擦力提供。

3.2.2.4 FRP板应变发展及分布规律

典型试件FRP板应变分布规律如图3-11所示，对FRP板在粘结区域内的应变发展及分布规律进行研究发现，加载初期FRP板加载端附近应变较大、自由端区域应变较小，且加载端区域应变增长较快、而自由端应变增长相对较慢；应变曲线呈向下凸的趋势。随着荷载逐渐增大，加载端区域应变增长逐渐趋缓，而自由端应变大幅度增加。到达峰值时，大部分试件FRP板的应变曲线呈向上凸的趋势。

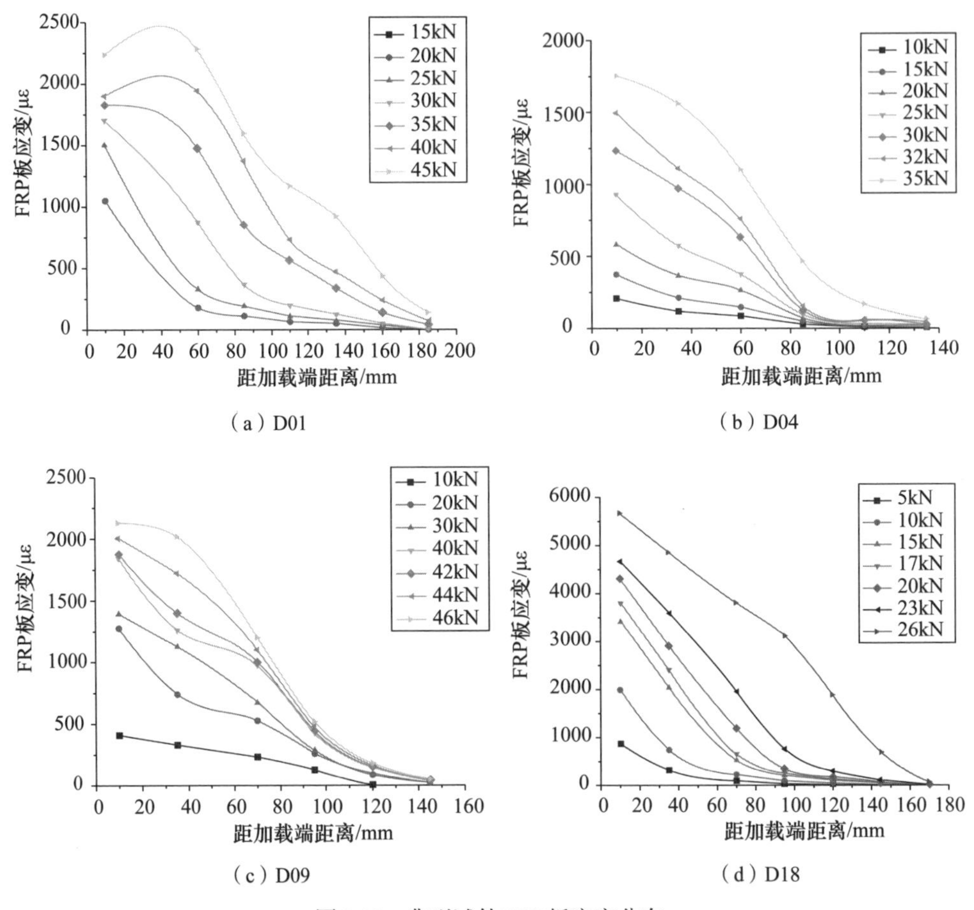

（a）D01　（b）D04

（c）D09　（d）D18

图3-11　典型试件FRP板应变分布

3.2.2.5　粘结应力发展及分布规律

相邻两应变片之间FRP与胶层基层的平均粘结剪应力可由式（3-2）计算得到：

$$\tau_i = t_{FRP} \frac{(\varepsilon_i - \varepsilon_{i-1})}{\Delta x} E_{FRP} \tag{3-2}$$

式（3-2）中，τ_i为局部粘结应力；t_{FRP}为FRP板的厚度；Δx和$\varepsilon_i - \varepsilon_{i-1}$分别为CFRP板在相邻两应变片间的距离和应变增量；E_{FRP}为FRP的弹性模量。

典型试件在不同荷载下FRP板与胶层的平均粘结应力变化规律如图3-12所示。

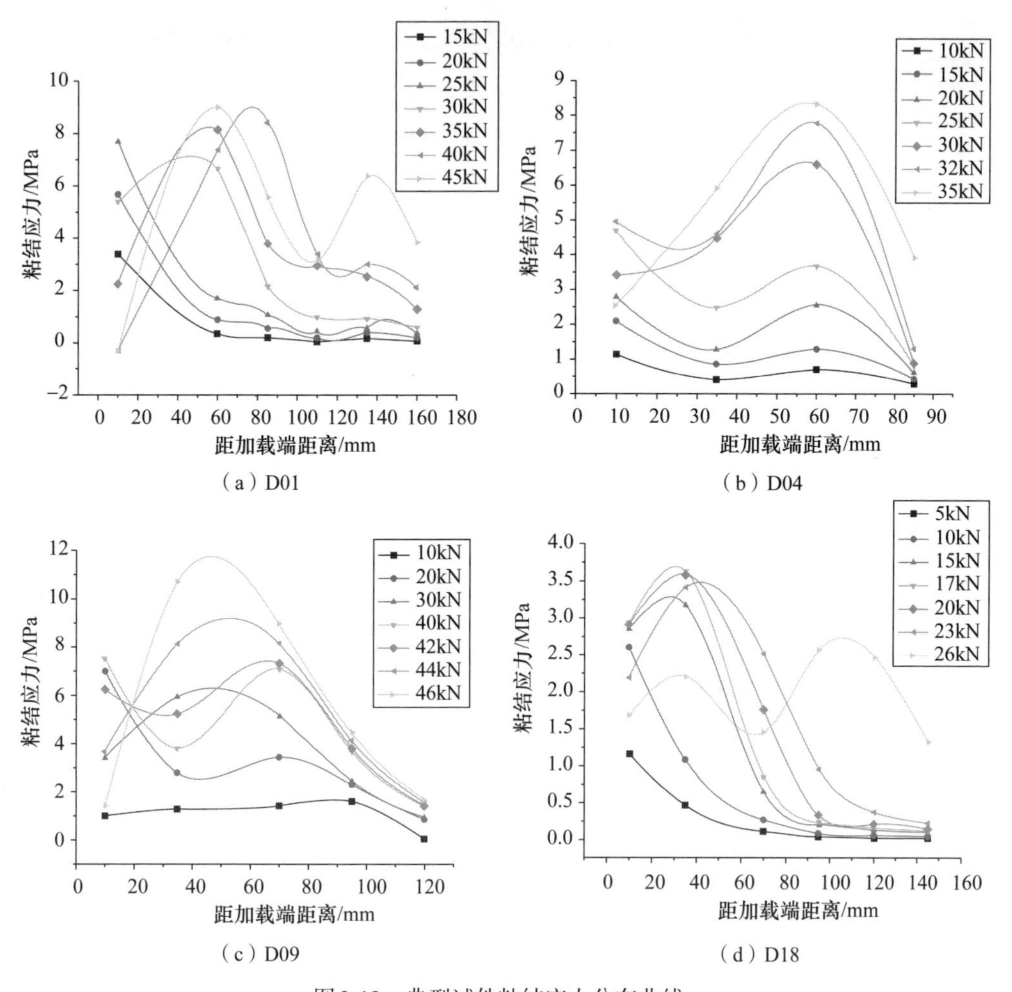

（a）D01　（b）D04

（c）D09　（d）D18

图3-12　典型试件粘结应力分布曲线

由图3-12可知，在加载初期，粘结应力的峰值出现在靠近加载端附近，而随着荷载的不断增加，粘结应力峰值则不断向自由端移动。在FRP板被拔出的过程中，局部粘结应力分布呈现出明显的非线性特征。

3.2.2.6　局部粘结滑移曲线

利用平均粘结应力与试件加载端滑移绘制的粘结滑移曲线能够反映试件的受力全过程，并且从宏观上描述粘结滑移刚度退化的现象，但其构建的本构模型用于有限元分析则显得粗糙，因此有必要提取并绘出粘结界面的局部粘结应力和滑移的关系曲线。FRP板局部粘结应力τ_i可由式（3-2）求得，局部滑移量s可由式（3-3）求得：

$$s(x) = s(l) - \int [\varepsilon_{CFRP}(x) - \varepsilon_W(x)]\,dx \tag{3-3}$$

式中，$s(l)$为加载端滑移量；x为距离加载端木材界面处的长度；ε_{CFRP}和ε_W分别为CFRP板和木材的应变。

由于局部粘结滑移曲线较难获取，试验中提取出4条完整的局部粘结滑移曲线，分别位于D01、D03、D14和D18试件的自加载端至40 mm处区段内，如图3-13所示。

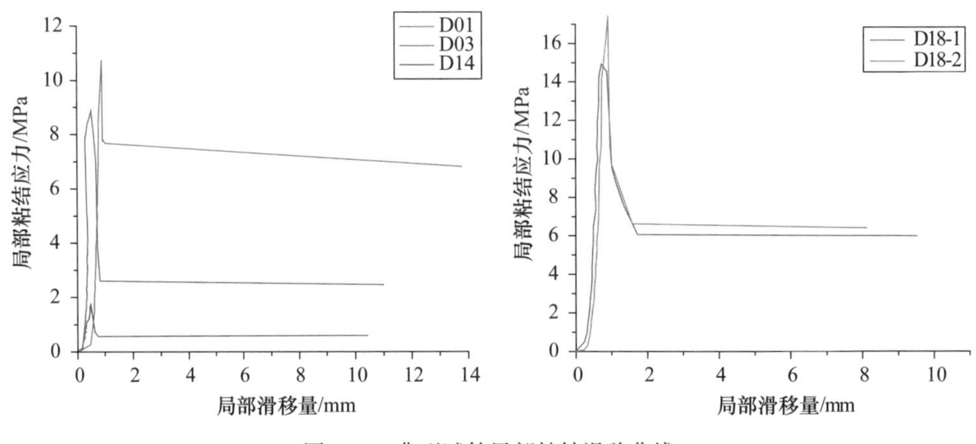

图3-13 典型试件局部粘结滑移曲线

3.2.2.7 影响粘结性能的因素

本次试验参数为木材种类和粘结长度，图3-14和图3-15给出了不同粘结长度下各木材与FRP板的极限拔出荷载与平均粘结长度，其中相同工况的试件取平均值。

粘结长度：开槽宽度为6 mm的试件，CFRP及GFRP试件随着粘结长度增大，其极限承载力随之逐渐增加，平均粘结强度呈现逐渐减小的现象，且相同粘结长度下GFRP试件的极限荷载均小于CFRP试件；开槽宽度为18 mm的试件，随着粘结长度增大，其极限承载力则呈现先下降后上升的关系。

CFRP板厚度：随着CFRP板厚度由2.0 mm向3.0 mm、4.0 mm增加，试件极限承载力也随之增加，但增加的幅度逐渐减小。

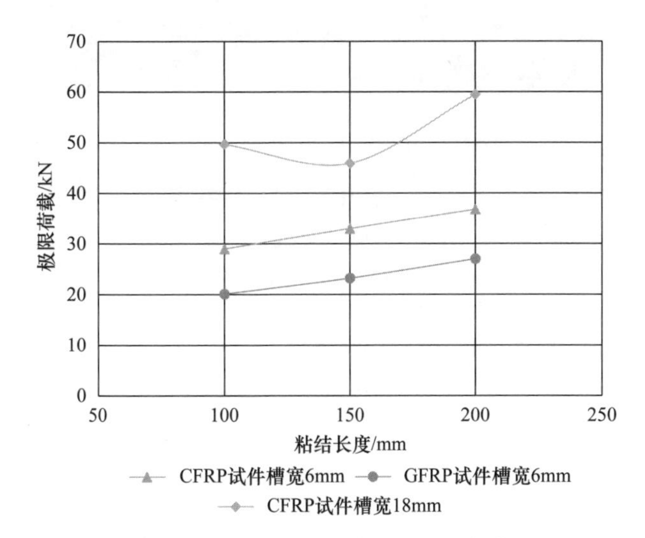

图3-14　不同粘结长度下的极限荷载

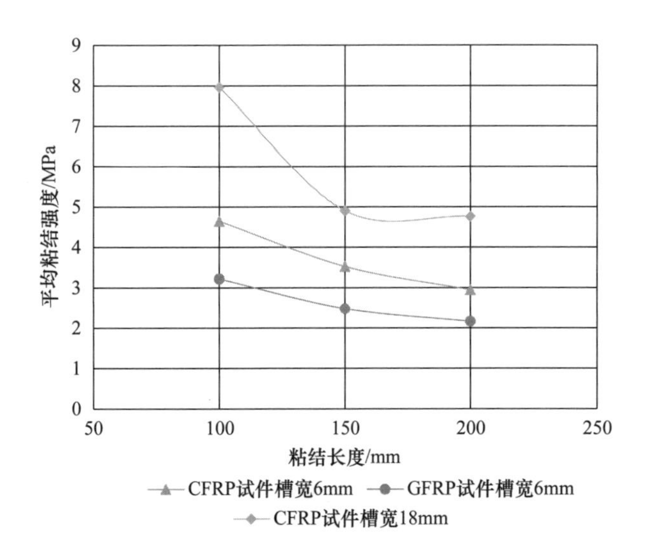

图3-15　不同粘结长度下的平均粘结强度

开槽宽度：相同粘结长度下，开槽宽度18 mm试件的极限承载力均大于开槽宽度6 mm的试件。

需要指出的是，上述结论的普适性及可能存在的相关参数界限值的确定尚需更多数量试件的结论作支撑。

3.2.3 粘结滑移本构模型

目前国内外应用较为广泛的粘结滑移本构模型有BPE模型[93]、改进的BPE模型[94]和CMR模型[95]等。其中改进的BPE模型是基于大量的FRP板与混凝土粘结试验得到的，它由上升段、下降段和残余应力段组成，其本构关系模型如下：

$$\begin{cases} \text{上升段：}\tau/\tau_1=(s/s_1)^{\alpha}\ (s\leqslant s_1) \\ \text{下降段：}\tau/\tau_1=1-p(s/s_1-1)\ (s_1<s_1\leqslant s_3) \\ \text{残余段：}\tau=\tau_3\ (s>s_3) \end{cases} \tag{3-4}$$

式（3-4）中，τ_1为粘结强度；s_1为对应粘结强度下的滑移量；α，p和τ_3为参数。

改进的BPE模型与本次试验获取的局部粘结滑移曲线形式上较为接近，且数学表达式比较简单，因此本文采用该模型进行局部粘结滑移曲线的拟合，拟合所得相关参数如表3-11所示，拟合曲线和试验曲线的对比如图3-16所示。

表3-11 典型试件曲线的拟合参数值

试件编号	α	p	τ_3/Mpa
D01	3.69	2.77	7.21
D03	1.90	1.14	2.53
D14	1.63	1.44	0.57
D18	2.35	0.51	6.01

从图3-16可知，本文采用改进的BPE模型可以对试验曲线进行较好的拟合，说明改进的BPE模型同样适用于拟合木材与FRP板的粘结滑移曲线，表3-10的参数取值可为同类型的有限元分析提供参考。后续还应考虑木材种类、结构胶类型、FRP板表面处理方式等因素对各参数取值的影响，并作相应研究。

3.3 本章小结

首先，阐述了木材、FRP板和碳板胶的材性试验：

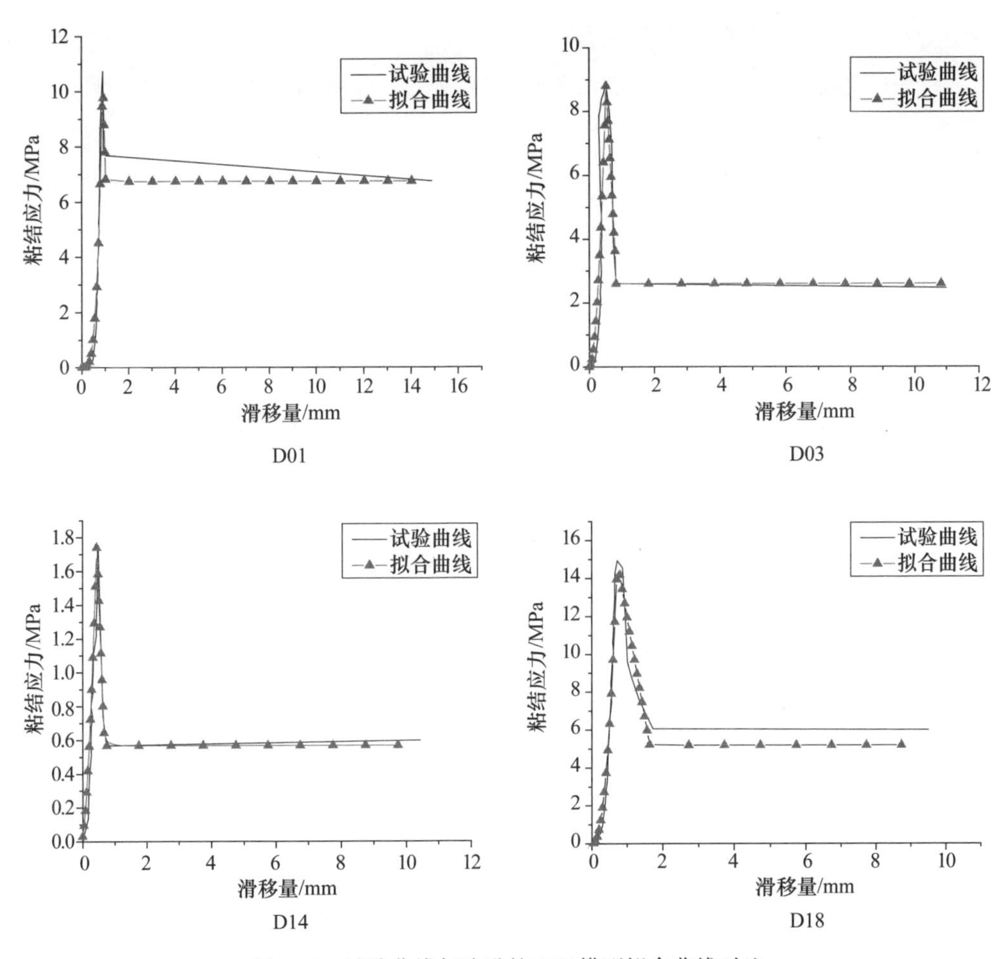

图3-16 试验曲线与改进的BPE模型拟合曲线对比

首先，阐述了试验用落叶松、小叶杨及杉木的主要材料力学性能指标，如顺纹抗拉、顺纹抗压、顺纹抗剪、抗弯强度及抗弯弹性模量。其中，落叶松的材料力学性能为最优。总结了试验用FRP板和碳板胶的主要材料力学性能指标。通过试验获取木材、FRP板和碳板胶的相关材性指标供后续的理论分析及数值模拟使用。

其次，通过FRP板与木材的粘结锚固性能试验，获取以下规律：

（1）木材与FRP板粘结破坏类型均为界面粘结失效破坏，包含FRP板与胶层粘结失效破坏和粘结面附近木材失效破坏两类。

（2）通过对试件粘结滑移曲线进行分析，将胶层与FRP板的粘结滑移破坏过程归纳为上升段、下降段和残余段。

（3）加载初期，FRP板加载端附近应变较大、自由端区域应变较小，且加载端区域应变增长较快，而自由端应变增长相对较慢；应变曲线呈向下凸的趋势。随着荷载逐渐增大，加载端区域应变增长逐渐趋缓，而自由端应变大幅度增加。到达峰值时，大部分试件FRP板的应变曲线呈向上凸的趋势。

（4）试件宏观的和局部的粘结滑移曲线形式上较为一致。通过试验曲线与改进的BPE模型粘结滑移曲线进行拟合，两者吻合较好，反映了改进的BPE模型能较好地描述胶层与FRP板的局部粘结滑移曲线。而具体参数的确定尚有待于后续加大试验数量，并对诸如不同FRP板、不同粘结胶等各影响因素进行深入研究。

第4章　FRP板隐蔽式加固古建筑缩尺木梁抗弯试验

本章通过落叶松、小叶杨、杉木的缩尺试件试验，验证FRP板隐蔽式加固古建筑木梁抗弯力学性能的提升效果，探讨影响加固的主要因素。

4.1　CFRP、GFRP板隐蔽式加固古建筑缩尺木梁抗弯试验

基于中国古建筑木结构梁、枋等受弯构件加固的实际需求，本节研究设计了12组共54根试件的缩尺木梁试验。

4.1.1　试验设计与方法

4.1.1.1　材料

试验所用木材选取古建筑梁、檩、枋等大木构件中的代表性树种，包括东北落叶松、河北小叶杨以及杉木三种。所选木材均取自同一批次心材，并应用德国 IML 微钻阻力仪和匈牙利 Fakopp 应力波仪对其逐一进行检测，通过波阻模量 ρv2 推算力学性能[96]，据此选出材性相近的部分制成试件。由于落叶松及杉木的生长特点导致树节较多，故注意避免试件受拉一侧出现大的节疤和生长缺陷。由于采用人工干燥处理（图4-1），本批次试件的含水率控制在11±1%。

加固用CFRP板由卡本复合材料（天津）有限公司提供，其规格厚度为1.0、2.0、3.0 mm、宽度为100、50 mm；GFRP板有北京玻璃钢研究院有限公司提供，其规格厚度为2.0 mm、宽度为100 mm。碳板胶为瑞士西卡（中国）有限公司提供的Sikadur-30CN及国产卡本 CEPR-A / B型碳板胶。

（a）木材烘干窑

（b）烘干试件

图4-1 试件的干燥处理

4.1.1.2 试件设计与加工

为研究FRP板材加固长度、加固高度、板材厚度、开槽宽度、加固位置、粘结剂类型、板材类型、树种类型对加固木梁抗弯力学性能的影响，试验设计的试件类型分为健康梁、FRP板隐蔽式加固梁二大类。木梁试件依照宋式建筑中四椽栿的有关数据[97]，并考虑木材烘干工艺的尺寸限制，按缩尺比例1：2.5的模型制作，其尺寸规格为60 mm（宽）×90 mm（高）×1100 mm（长）。试验设计内容见表4-1及图4-2。

表4-1 试验设计方案

试件编号	试件类型	嵌板长度（mm）	开槽宽度（mm）	开槽高度（mm）	加固胶类型	FRP板厚度（mm）	加固材料	加固位置	树种
A01	松木健康	无	无	无	无	无	无	无	松木
A02		无	无	无	无	无	无	无	松木
A03	嵌入长度不同	300	3	20	进口	2.0	CFRP板	底面竖嵌一块板	松木
A04		300	3	20	进口	2.0	CFRP板	底面竖嵌一块板	松木
A05		700	3	20	进口	2.0	CFRP板	底面竖嵌一块板	松木

续表

试件编号	试件类型	嵌板长度（mm）	开槽宽度（mm）	开槽高度（mm）	加固胶类型	FRP板厚度（mm）	加固材料	加固位置	树种
A06	嵌入长度不同	700	3	20	进口	2.0	CFRP板	底面竖嵌一块板	松木
A07		1100	3	20	进口	2.0	CFRP板	底面竖嵌一块板	松木
A08		1100	3	20	进口	2.0	CFRP板	底面竖嵌一块板	松木
A09	木槽高度不同	1100	3	10	进口	2.0	CFRP板	底面竖嵌一块板	松木
A10		1100	3	10	进口	2.0	CFRP板	底面竖嵌一块板	松木
A11		1100	3	30	进口	2.0	CFRP板	底面竖嵌一块板	松木
A12		1100	3	30	进口	2.0	CFRP板	底面竖嵌一块板	松木
A13		1100	3	40	进口	2.0	CFRP板	底面竖嵌一块板	松木
A14		1100	3	40	进口	2.0	CFRP板	底面竖嵌一块板	松木
A15	木槽宽度不同	1100	6	20	进口	2.0	CFRP板	底面竖嵌一块板	松木
A16		1100	6	20	进口	2.0	CFRP板	底面竖嵌一块板	松木
A17		1100	12	20	进口	2.0	CFRP板	底面竖嵌一块板	松木
A18		1100	12	20	进口	2.0	CFRP板	底面竖嵌一块板	松木
A19	嵌入位置不同	1100	3	10	进口	2.0	CFRP板	侧面水平嵌两块板	松木
A20		1100	3	10	进口	2.0	CFRP板	侧面水平嵌两块板	松木

续表

试件编号	试件类型	嵌板长度（mm）	开槽宽度（mm）	开槽高度（mm）	加固胶类型	FRP板厚度（mm）	加固材料	加固位置	树种
A21	嵌入位置不同	1100	3	20	进口	2.0	CFRP板	底面竖嵌两块板	松木
A22		1100	3	20	进口	2.0	CFRP板	底面竖嵌两块板	松木
A23	CFRP板厚度不同	1100	2	20	进口	1.0	CFRP板	底面竖嵌一块板	松木
A24		1100	2	20	进口	1.0	CFRP板	底面竖嵌一块板	松木
A25		1100	4	20	进口	3.0	CFRP板	底面竖嵌一块板	松木
A26		1100	4	20	进口	3.0	CFRP板	底面竖嵌一块板	松木
A27	国产碳板胶	300	3	20	国产	2.0	CFRP板	底面竖嵌一块板	松木
A28		300	3	20	国产	2.0	CFRP板	底面竖嵌一块板	松木
A29		700	3	20	国产	2.0	CFRP板	底面竖嵌一块板	松木
A30		700	3	20	国产	2.0	CFRP板	底面竖嵌一块板	松木
A31		1100	3	20	国产	2.0	CFRP板	底面竖嵌一块板	松木
A32		1100	3	20	国产	2.0	CFRP板	底面竖嵌一块板	松木
A33	GFRP板加固	300	3	20	进口	2.0	GFRP板	底面竖嵌一块板	松木
A34		300	3	20	进口	2.0	GFRP板	底面竖嵌一块板	松木
A35		700	3	20	进口	2.0	GFRP板	底面竖嵌一块板	松木
A36		700	3	20	进口	2.0	GFRP板	底面竖嵌一块板	松木

续表

试件编号	试件类型	嵌板长度（mm）	开槽宽度（mm）	开槽高度（mm）	加固胶类型	FRP板厚度（mm）	加固材料	加固位置	树种
A37	GFRP板加固	1100	3	20	进口	2.0	GFRP板	底面竖嵌一块板	松木
A38		1100	3	20	进口	2.0	GFRP板	底面竖嵌一块板	松木
A39	杨木健康	无	无	无	无	无	无	无	杨木
A40		无	无	无	无	无	无	无	杨木
A41	杨木CFRP板加固	300	3	20	进口	2.0	CFRP板	底面竖嵌一块板	杨木
A42		300	3	20	进口	2.0	CFRP板	底面竖嵌一块板	杨木
A43		700	3	20	进口	2.0	CFRP板	底面竖嵌一块板	杨木
A44		700	3	20	进口	2.0	CFRP板	底面竖嵌一块板	杨木
A45		1100	3	20	进口	2.0	CFRP板	底面竖嵌一块板	杨木
A46		1100	3	20	进口	2.0	CFRP板	底面竖嵌一块板	杨木
A47	杉木健康	无	无	无	无	无	无	无	杉木
A48		无	无	无	无	无	无	无	杉木
A49	杉木CFRP板加固	300	3	20	进口	2.0	CFRP板	底面竖嵌一块板	杉木
A50		300	3	20	进口	2.0	CFRP板	底面竖嵌一块板	杉木
A51		700	3	20	进口	2.0	CFRP板	底面竖嵌一块板	杉木
A52		700	3	20	进口	2.0	CFRP板	底面竖嵌一块板	杉木
A53		1100	3	20	进口	2.0	CFRP板	底面竖嵌一块板	杉木
A54		1100	3	20	进口	2.0	CFRP板	底面竖嵌一块板	杉木

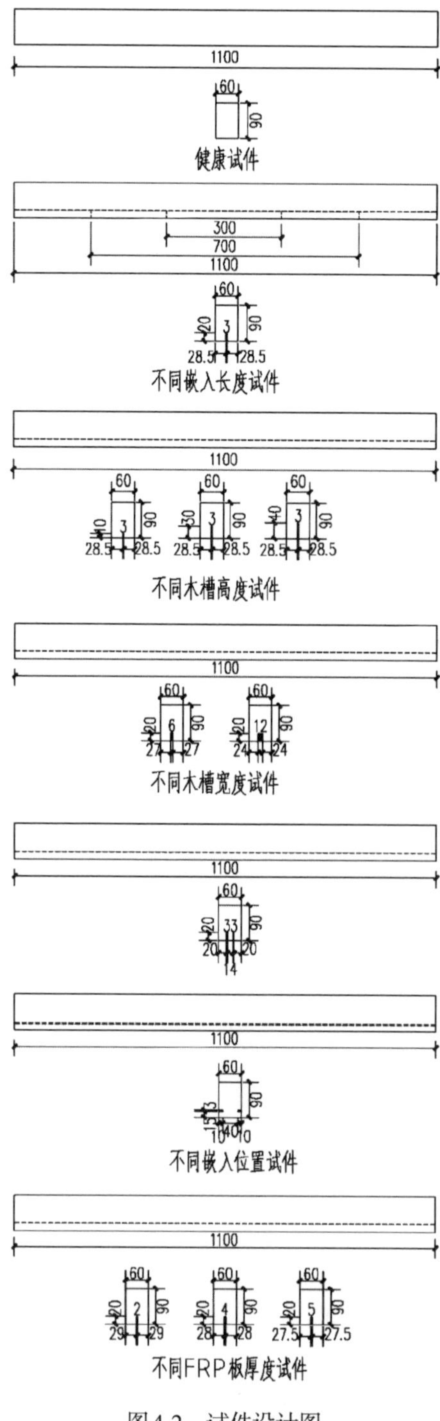
1100
60
90
健康试件
300
700
1100
60
20
3
90
28.5
28.5
不同嵌入长度试件
1100
60
40
3
90
28.5
28.5
60
30
3
90
28.5
28.5
60
40
3
90
28.5
28.5
不同木槽高度试件
1100
60
20
6
90
27
27
60
20
12
90
24
24
不同木槽宽度试件
1100
60
20
33
90
20
20
14
1100
60
90
10
40
10
不同嵌入位置试件
1100
60
20
2
90
29
29
60
20
4
90
28
28
60
20
5
90
27.5
27.5
不同FRP板厚度试件

图4-2 试件设计图

试件的制作流程为：（1）按照设计图纸用专业木工工具将木梁的长、宽、高尺寸加工成型，并将表面刨光；（2）依试验方案运用电动工具在加固梁底面或侧面开不同尺寸的槽；（3）用气枪、毛刷等将木槽内清理干净；（4）嵌入裁切好的FRP板，并用不同的碳板胶填满槽内空隙；（5）最后将加固试件静置于25℃环境中的水平地面上养护7天（图4-3）；（6）按照试验方案要求在试件表面相应位置粘贴应变片。

（a）加工

（b）开槽

（c）嵌板

（d）养护

图4-3　试件加工过程

4.1.1.3　试验方法

试验依据中国《木结构试验方法标准》（GB/T50329-2012），采用QBD100电子万能试验机进行三分点加载，荷载通过分配梁传递，见图4-4。加载速率约为

5 mm/min，每个试件加载时间为8～12 min。

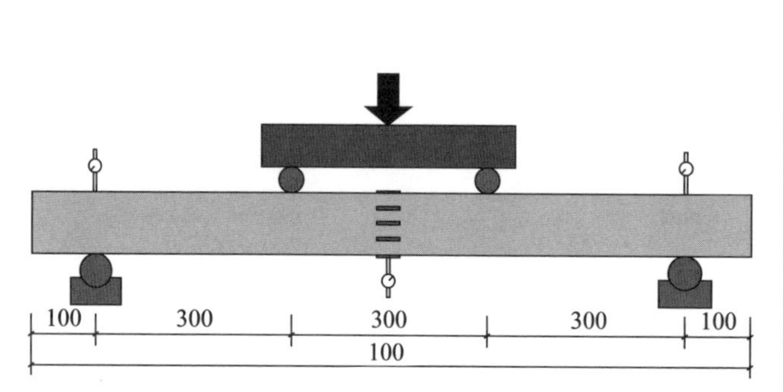

图4-4 试验现场

为获取受力过程中梁的挠度，在跨中位置木梁底面及左右支座处木梁顶面各布置一支位移计；为获取梁跨中截面的变形，在相应位置布置应变片，见图4-4。同时观察和记录试件破坏的全过程。位移计和应变片数据采用德国IMC8通道动态应变测量系统采集，采样频率20 Hz。位移计量程30 mm，精度等级一级，最小分辨率10^{-3} mm。负荷传感器的量程50 KN，精度等级一级，最小分辨力±1 N。电阻式应变片型号为DZ120-15AA，河北邢台桥西科华电阻应变计厂产，栅长×栅宽为15 mm×3 mm，电阻值120.0±0.1 Ω，级别为A级，灵敏系数为2.08±1%，基底为纸基。

4.1.2 试验结果与分析

4.1.2.1 破坏现象

（1）松木试件

A01、A02号试件为完好的健康木梁，均发生由于梁底跨中边缘木材严重劈裂的受弯破坏，且卸载后跨中挠度大部分不可恢复，见图4-5。

A03～A08号试件为嵌入不同长度CFRP板的加固梁，其中A03～A06号试件发生梁底跨中附近木纤维拉断的受弯破坏，值得注意的是A03、A04试件均出现

图4-5　健康松木梁

自梁底CFRP板一端延伸至梁侧加载点附近的斜裂缝，从而导致加固梁过早的发生破坏，见图4-6（a）、（b）；而A07、A08号试件则发生自梁端位置处开始沿木梁截面2/3高度处、嵌入CFRP板侧面及上方的纵向剪切破坏，见图4-6（d）。

（a）　（b）

（c）　（d）

图4-6　嵌入不同长度CFRP板的加固梁

A09～A14号试件为不同开槽高度的加固梁，其中A09、A11、A12、A13号试件发生梁底跨中附近木纤维拉断的受弯破坏，见图4-7（a）、（b）；而A10及A14号试件则发生自梁端位置处开始沿木梁截面1/2～2/3高度处的纵向剪切破坏，见图4-7（c）、（d）。

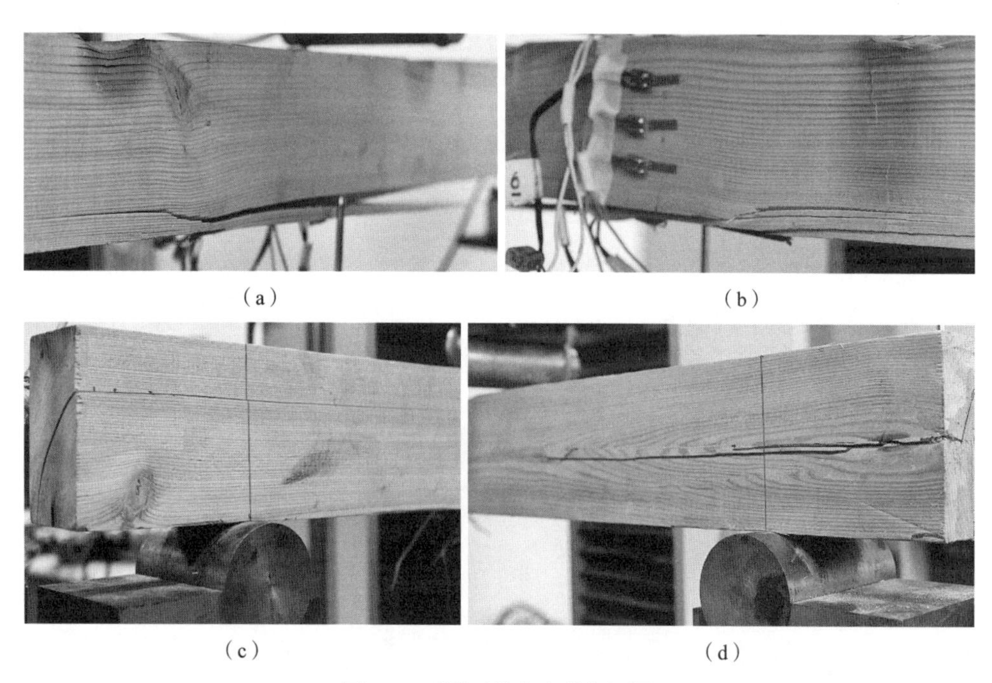

（a） （b）

（c） （d）

图4-7 不同开槽高度的加固梁

A15～A18号试件为不同开槽宽度的加固梁，A15、A16、A17号试件发生梁底跨中附近木纤维拉断的受弯破坏，其中A15号加载点附近木纤维被压溃，见图4-8（a）、（b）；A18号试件则发生自梁端位置处开始沿木梁截面1/2高度处的纵向剪切破坏，见图4-8（c）、（d）。

A19～A22号试件为不同嵌入位置的加固梁，该组试件均发生梁底跨中附近木纤维拉断的受弯破坏，见图4-9。

A23～A26号试件为嵌入CFRP板不同厚度的加固梁，A23、A25号试件发生梁底跨中附近木纤维拉断的受弯破坏，见图4-10（a）、（c）；A24、A26号试件则发生自梁端位置处开始沿木梁截面1/3～1/2高度处的纵向剪切破坏，见图4-10（b）、（d）。

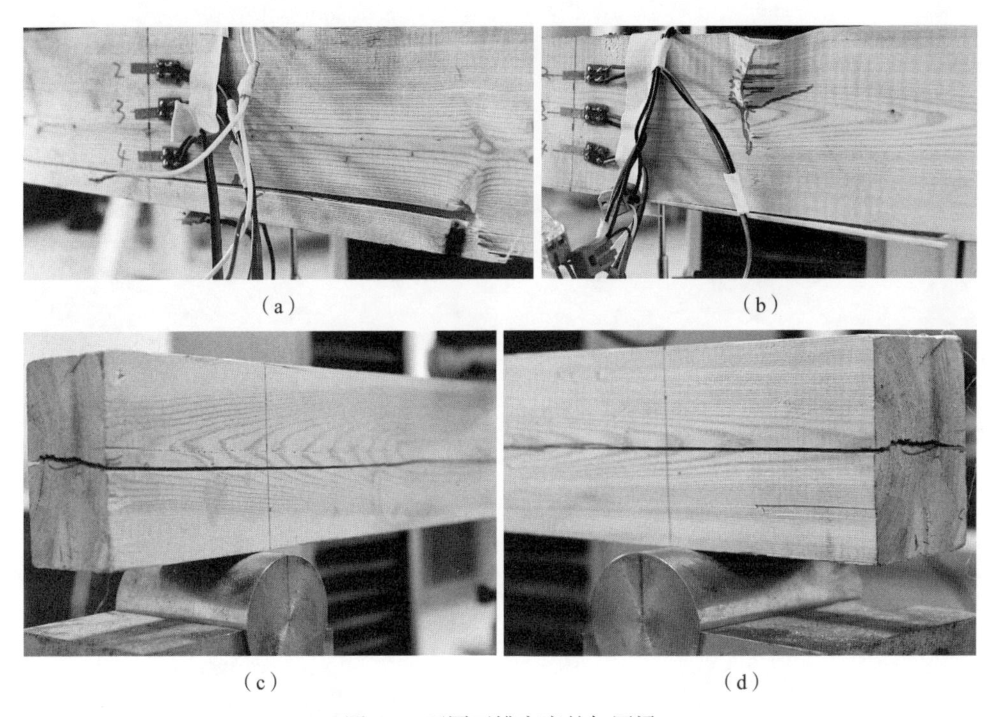

图4-8　不同开槽宽度的加固梁

图4-9　不同嵌入位置的加固梁

（a） （b）

（c） （d）

图4-10 不同CFRP板厚度的加固梁

A27～A32号试件为应用国产卡本牌碳板胶的加固梁，A27号试件发生加载点处树节的破坏，见图4-11（a）；A28～A32号试件均发生梁底跨中附近木纤维拉断的受弯破坏，见图4-11（b）及（c），其中A28号试件内嵌CFRP板一端自梁中脱出，脱出CFRP板上粘附有大量木纤维，见图4-11（d）。

A33～A38号试件为内嵌GFRP板的加固梁，A34号试件发生加载点处树节的破坏，见图4-12（a）；A33、A35～A38号试件均发生梁底跨中附近木纤维拉断的受弯破坏，见图4-12（b）及（c），其中A36号试件自底面至顶面出现爆炸式破坏，见图4-12（d）。

（2）杨木试件

A39、A40号试件为完好的健康木梁，均发生由于梁底跨中边缘木材严重劈裂的受弯破坏，且卸载后跨中变形大部分不可恢复，见图4-13。

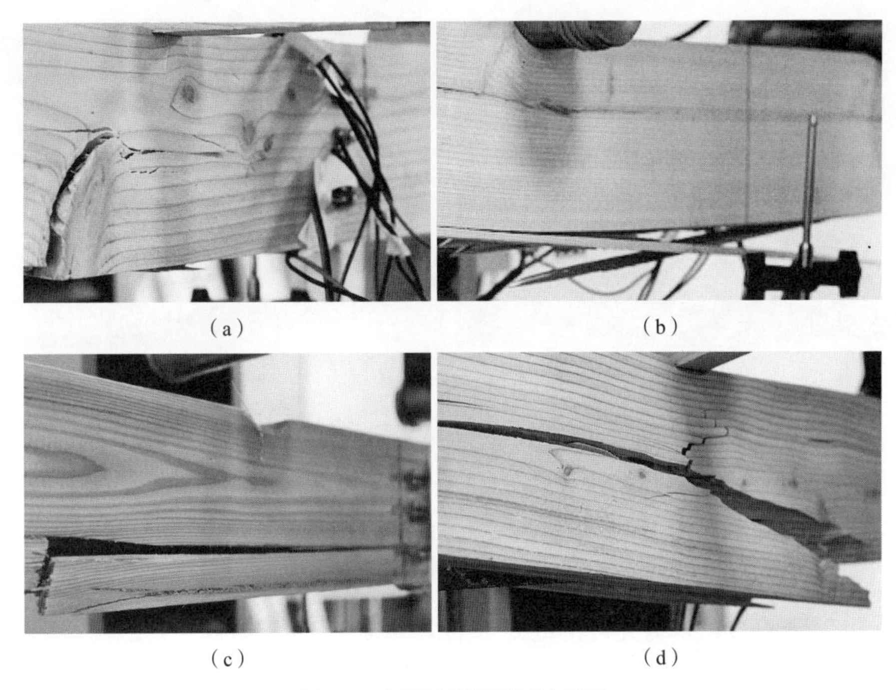

（a） （b）

（c） （d）

图4-11 应用国产碳板胶的加固梁

（a） （b）

（c） （d）

图4-12 嵌入GFRP板的加固梁

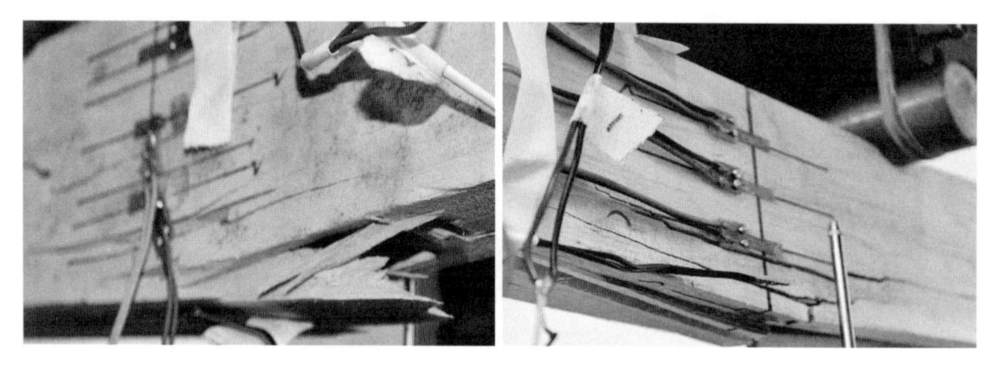

图4-13　健康杨木梁

A41～A46号试件为嵌入CFRP板长度不同的加固梁，除A46号试件发生自梁端位置开始沿木梁截面1/2高度处的纵向剪切破坏外，见图4-14（e），其他试件均发生由于梁底跨中边缘木材拉断的受弯破坏，见图4-14。

（3）杉木试件

A47、A48号试件为完好的健康木梁，均发生由于梁底跨中边缘木材严重劈裂的受弯破坏，且卸载后跨中变形大部分不可恢复，见图4-15。

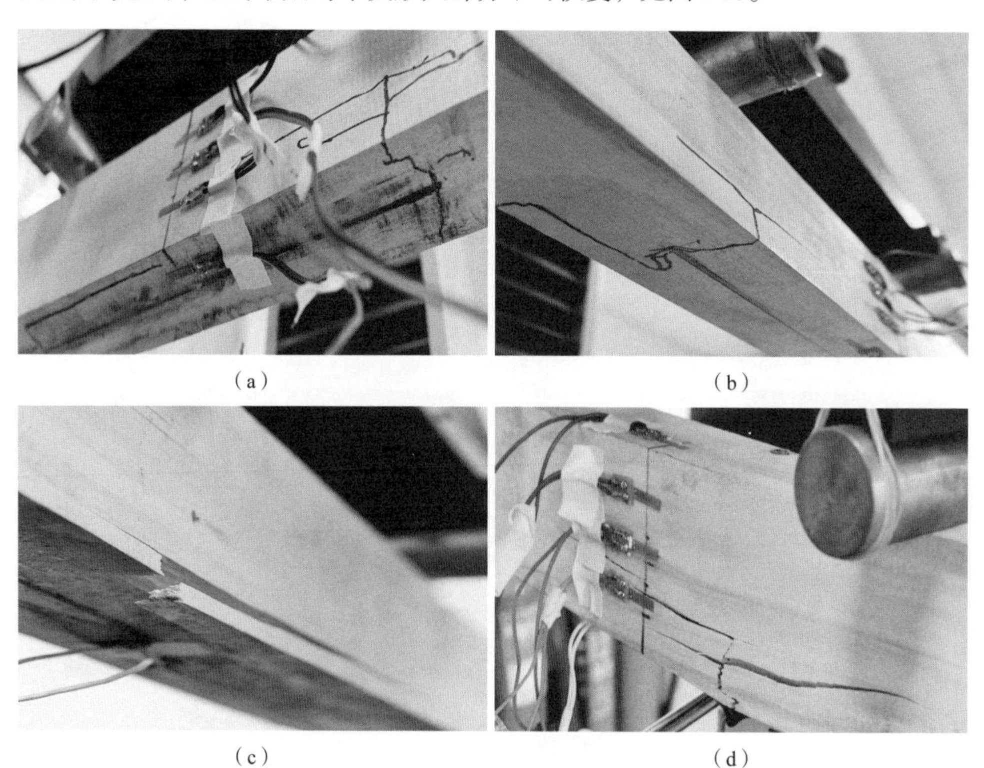

（a）　（b）

（c）　（d）

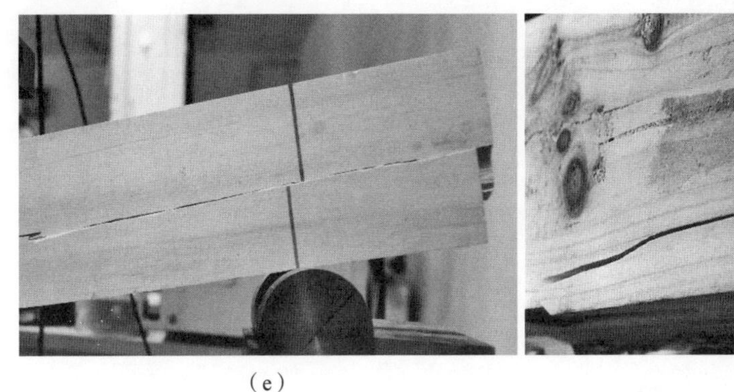
（e）

（f）

图4-14 嵌入CFRP板长度不同的杨木加固梁

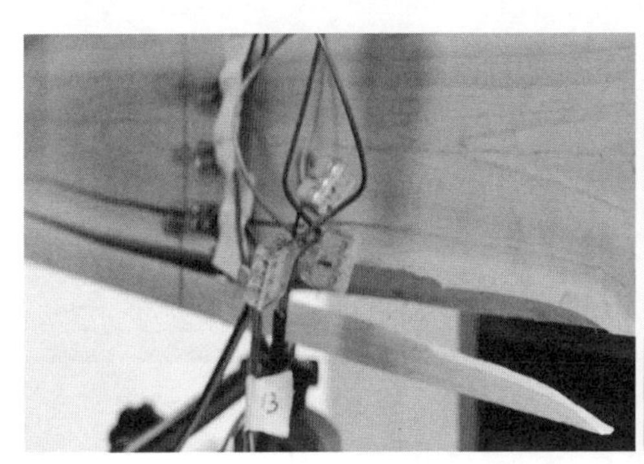

图4-15 健康杉木梁

A49～A54号试件为嵌入CFRP板长度不同的加固梁，A49、A50号试件发生由于梁底跨中边缘木材拉断的受弯破坏，其中A49号试件内嵌CFRP板一端自梁中轻微脱出，见图4-16（a）；A51～A54号试件均发生自梁端位置开始沿木梁截面1/3～1/2高度处的纵向剪切破坏外，见图4-16（b）～（d）。

4.1.2.2 破坏现象分析

综上所述，试验中松、杨、杉木的健康试件均出现弯曲受拉破坏；三者加固试件中大部分出现弯曲受拉破坏，少部分试件出现沿截面高度处的纵向剪切破坏，个别试件为树节处造成的破坏，见表4-2。此外，试验中未出现受压失效的情况。

(a)　(b)　(c)　(d)

图4-16　嵌入CFRP板长度不同的杉木加固梁

表4-2　试件破坏现象

试件破坏类型	松木试件编号	杨木试件编号	杉木试件编号
弯曲破坏	A01～A06、A09、A11～A13、A15～A17、A19～A23、A25、A28～A33、A35～A38	A39～A45	A47～A50
剪切破坏	A07、A08、A10、A14、A18、A24、A26	A46	A51～A54
树节破坏	A27、A34	无	无

试验中除了应用国产碳板胶的A28号试件内嵌的CFRP板自梁中明显脱出、杉木加固的A49号试件内嵌CFRP板自梁中轻微脱出外，其他加固试件均未出现FRP板与木梁剥离的现象，说明木材、碳板胶及FRP板三者协同工作性能良好。且在协同工作方面，GFRP板优于CFRP板，瑞士西卡碳板胶优于国产碳板胶，亦与此前试验研究结果一致[98]。

剪切破坏的主要原因是由于木材顺纹抗压强度比顺纹抗拉强度低得多，从而试件受压区会更早进入塑形状态，随着受压区塑性范围的增大，中性轴逐渐向受拉区移动，故试验现象中出现纵向剪切破坏的部位多位于梁截面1/3～1/2高度处。松、杨、杉木加固试件中均出现剪切破坏的情况，也说明木材作为一种天然的生物质材料，虽取材自相同批次，但其离散性仍然较大。

4.1.2.3　荷载-位移曲线及抗弯力学性能

松、杨、杉木的健康试件及加固试件的极限荷载和抗弯刚度的计算结果见表4-3，其荷载-位移曲线见图4-17。

表4-3　主要试验结果

试件类型	试件编号	极限荷载（kN）	平均值（kN）	抗弯刚度（kN・m^2）	平均值（kN・m^2）
松木健康	A01	36.6	36.0	26.2	24.0
	A02	35.3		21.7	
嵌入长度不同	A03	28.4	26.8	35.9	33.8
	A04	25.1		31.7	
	A05	33.5	32.1	40.2	37.5
	A06	30.7		34.8	
	A07	39.5	38.2	55.7	56.3
	A08	36.9		56.8	
木槽高度不同	A09	32.7	33.5	49.0	41.3
	A10	34.2		33.6	
	A11	42.3	42.0	60.5	55.0
	A12	41.7		49.4	
	A13	36.5	36.1	60.4	62.3
	A14	35.6		64.2	
木槽宽度不同	A15	45.6	45.7	46.9	58.4
	A16	45.7		69.8	
	A17	33.2	33.6	45.0	48.9
	A18	33.9		52.7	

续表

试件类型	试件编号	极限荷载（kN）	平均值（kN）	抗弯刚度（kN·m^2）	平均值（kN·m^2）
嵌入位置不同	A19	38.4	38.5	36.0	40.7
	A20	38.5		45.4	
	A21	41.9	41.6	46.8	49.6
	A22	41.3		52.4	
CFRP板厚度不同	A23	29.8	31.0	23.4	19.8
	A24	32.1		16.1	
	A25	38.0	38.5	23.8	21.8
	A26	38.9		19.8	
国产碳板胶	A27	22.4	23.2	15.4	15.5
	A28	23.9		15.6	
	A29	27.5	28.2	17.8	16.8
	A30	28.8		15.7	
	A31	34.4	34.3	20.1	18.7
	A32	34.1		17.3	
GFRP板加固	A33	24.0	22.9	18.5	16.5
	A34	21.8		14.5	
	A35	27.1	26.5	20.0	20.4
	A36	25.9		20.7	
	A37	31.9	31.5	17.5	18.4
	A38	31.1		19.2	
杨木健康	A39	24.8	24.6	20.7	22.5
	A40	24.3		24.3	
杨木CFRP板加固	A41	17.2	17.7	18.3	18.1
	A42	18.1		17.8	
	A43	33.6	31.9	21.3	17.1
	A44	30.1		12.8	
	A45	35.4	34.8	22.6	20.6
	A46	34.1		18.6	
杉木健康	A47	21.6	22.1	18.0	17.5
	A48	22.6		17.0	

续表

试件类型	试件编号	极限荷载（kN）	平均值（kN）	抗弯刚度（kN·m^2）	平均值（kN·m^2）
杉木CFRP板加固	A49	18.9	19.9	19.2	19.6
	A50	20.9		19.9	
	A51	21.5	23.1	19.8	17.5
	A52	24.6		15.1	
	A53	24.7	25.5	20.3	20.1
	A54	26.2		19.9	

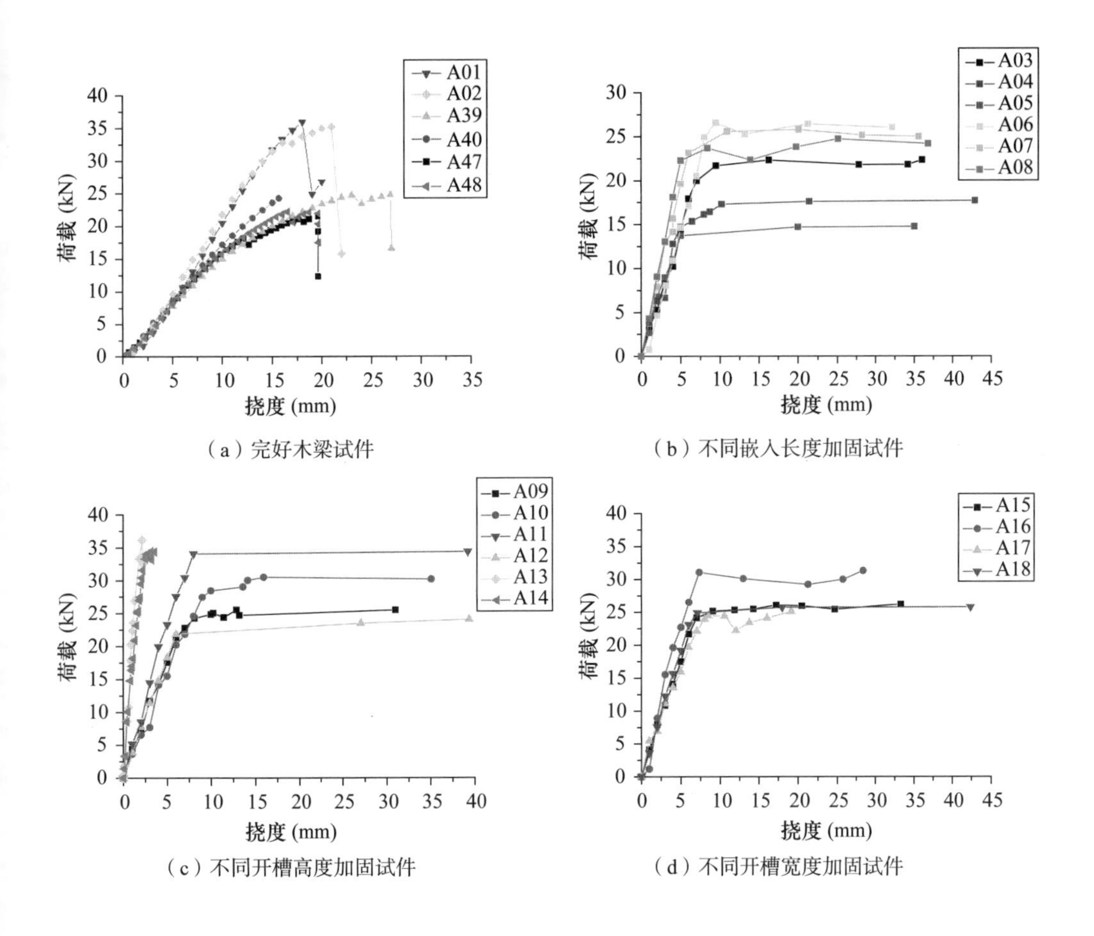

（a）完好木梁试件

（b）不同嵌入长度加固试件

（c）不同开槽高度加固试件

（d）不同开槽宽度加固试件

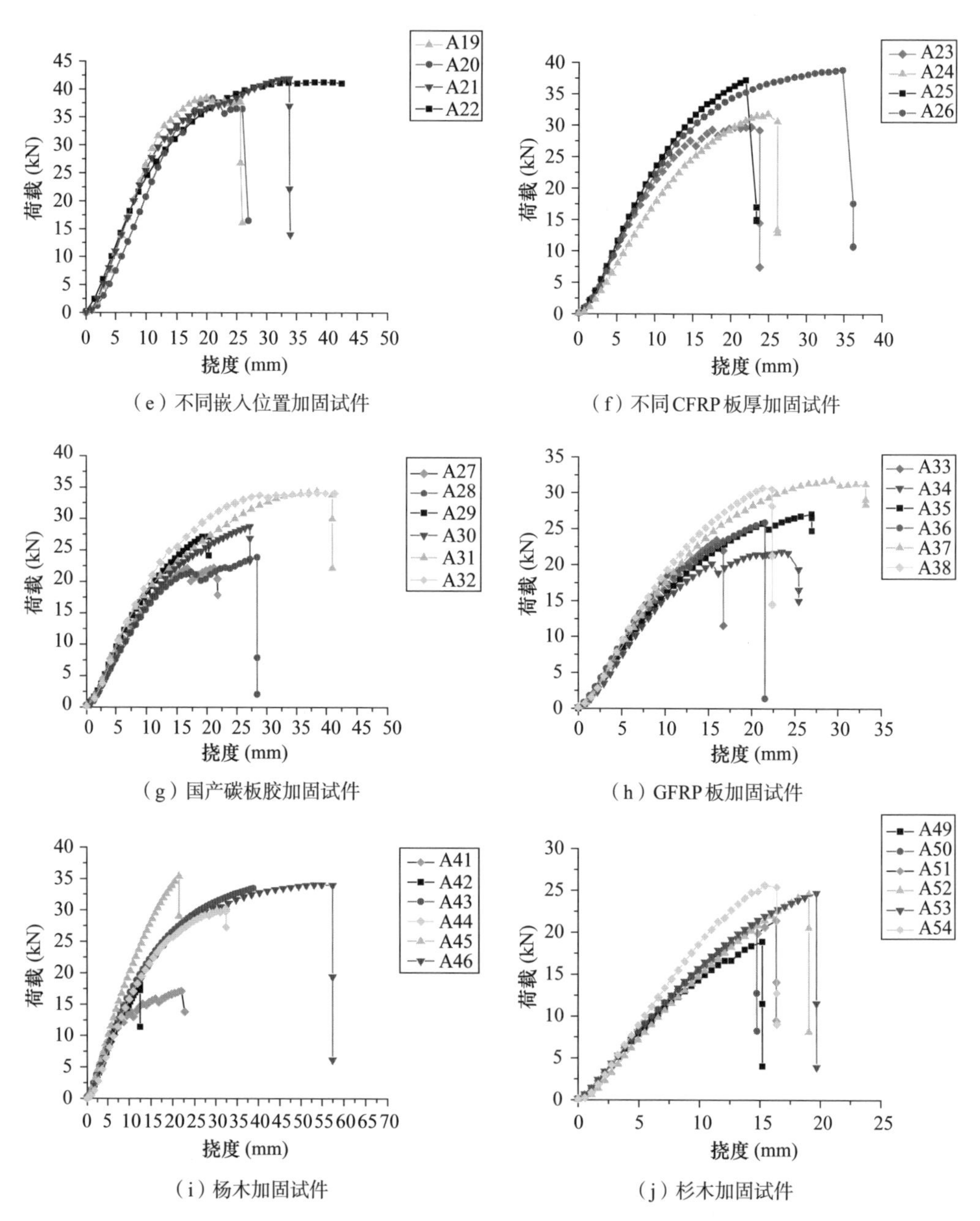

（e）不同嵌入位置加固试件

（f）不同CFRP板厚加固试件

（g）国产碳板胶加固试件

（h）GFRP板加固试件

（i）杨木加固试件

（j）杉木加固试件

图4-17 试件的荷载-挠度曲线

分析试件的极限荷载提高情况。对于松木试件：嵌入CFRP板长度不同的松木加固梁较完好健康梁提升幅度为－25.6%～6.1%，荷载提升幅度与嵌板长度成正比；开槽高度不同（即嵌入CFRP板宽度不同）的松木加固梁较完好健康梁提升幅度为－6.9%～16.7%，荷载提升幅度与开槽高度呈现先升后降的关系，当开槽高度为截面高度1/3时加固梁承受荷载最大；开槽宽度不同的松木加固梁较完好健康梁提升幅度为－6.7%～26.9%，荷载提升幅度与开槽宽度呈现先升后降的关系，当开槽宽度为截面宽度1/10时加固梁承受荷载最大；嵌入位置不同的松木加固梁较完好健康梁提升幅度为6.9%～15.6%，其中梁底嵌入一块CFRP板的加固梁同梁侧各嵌一块CFRP板的加固梁提升效果相近，且均低于梁底嵌入二块CFRP板的加固梁；嵌入CFRP板厚度不同的松木加固梁较完好健康梁提升幅度为－13.9%～6.9%，荷载提升幅度与嵌入CFRP板的厚度成正比；应用国产碳板胶的松木加固梁较完好健康梁提升幅度为－35.6%～－4.7%，荷载提升幅度与嵌板长度成正比，但荷载值均低于完好健康梁；嵌入GFRP板长度不同的松木加固梁较完好健康梁提升幅度为－36.4%～－12.5%，荷载提升幅度与嵌板长度成正比，但荷载值均低于完好健康梁。

对于杨木试件：嵌入CFRP板长度不同的杨木加固梁较完好健康梁提升幅度为－28.0%～41.5%，荷载提升幅度与嵌板长度成正比。对于杉木试件：嵌入CFRP板长度不同的杉木加固梁较完好健康梁提升幅度为－10.0%～15.4%，荷载提升幅度与嵌板长度成正比。

分析试件的抗弯刚度提高情况。对于松木试件：嵌入CFRP板长度不同的松木加固梁较完好健康梁提升幅度为40.8%～134.6%，抗弯刚度提升幅度与嵌板长度成正比；开槽高度不同（即嵌入CFRP板宽度不同）的松木加固梁较完好健康梁提升幅度为72.1%～159.6%，抗弯刚度提升幅度与开槽高度成正比；开槽宽度不同的松木加固梁较完好健康梁提升幅度为103.8%～143.3%，抗弯刚度提升幅度与开槽宽度呈现先升后降的关系，当开槽宽度为截面宽度1/10时加固梁抗弯刚度最大；嵌入位置不同的松木加固梁较完好健康梁提升幅度为69.6%～134.6%，其中梁底嵌入一块CFRP板的加固梁提升效果优于梁底嵌入两块CFRP板的加固梁，梁侧各嵌一块CFRP板的加固梁抗弯刚度提升效果最小；嵌入CFRP板厚度不同的松木加固梁较完好健康梁提升幅度为－9.2%～－17.5%，抗弯刚度提升幅度与嵌入CFRP板的厚度成正比，但刚度值均低于完好健康梁；应用国产碳板胶的松木加固梁较完好健康梁提升幅度为−35.4%～−22.1%，抗弯刚度提升幅度与嵌板长度成正比，但刚度值均低于完好健康梁；嵌入GFRP板长度不同的松木加固梁较完好健康梁提升幅度为−31.3%～−15.0%，抗弯刚度提升幅度与嵌板长度成正比，但刚度值均低于完好健康梁。对于杨木试件：嵌入CFRP板长度不同的杨木加固梁较完好健康梁提升幅度为−24.0%～−8.4%，抗弯刚度提升幅度与嵌板长度成正比，但刚度值均低于完好健康梁。对于杉木试件：嵌入CFRP板长度不同的杉木加固梁较完好健康梁提升幅度为0～14.9%，抗弯刚度提升幅度与嵌板长度呈现先降后升的关系，刚度值均不低于完好健康梁。

由此可见：（1）应用FRP板隐蔽式加固方法，可以显著提高松木、杨木及杉木梁的极限抗弯承载力及抗弯刚度，最优加固梁的抗弯力学性能可达到或超过健康木梁。（2）在加固位置与CFRP板数量相同的情况下，增加嵌入CFRP板长度既可明显提高梁的抗弯力学性能，又因充分的锚固长度确保粘接界面的可靠及良好的协同工作性能。（3）在加固位置与CFRP板数量相同的情况下，增加嵌入CFRP板宽度可明显提高梁的抗弯力学性能，当板宽为截面高度1/3时加固梁承受荷载最大。（4）在加固位置与CFRP板数量相同的情况下，增加开槽宽度可以提高梁的抗弯力学性能，当槽宽为截面宽度1/10时效果最佳，随着槽宽继续增加抗弯力学性能反而明显下降。（5）对于嵌板位置及数量的影响，梁底嵌入二块CFRP板的加固梁抗弯力学性能最优，梁底嵌入一块CFRP板的加固梁同梁侧各嵌一块CFRP板的加固梁抗弯力学性能相近。（6）应用国产碳板胶的加固梁其抗弯加固效果不及同类型的瑞士西卡碳板胶。（7）应用GFRP板的加固梁其抗弯加固效果不及CFRP板。（8）应用FRP板隐蔽式加固方法，松木加固梁的抗弯力学性能提升幅度高于杨木和杉木。

4.1.2.4 应力-应变曲线

沿梁跨中截面高度方向每侧均匀布置5个应变片，顶面、底面各布置1个应变片，间距为15 mm，见图4-18。以健康梁和加固梁为例，分析跨中截面沿高度方向的应变分布：当应变为负值时，该部分截面处于受压状态，即该截面位于中性层之上；当应变为正值时，该部分截面处于受拉状态，即该截面位于中性层之下。从图4-18可知，对于健康梁和加固梁跨中沿截面高度的应变均呈线性分布，

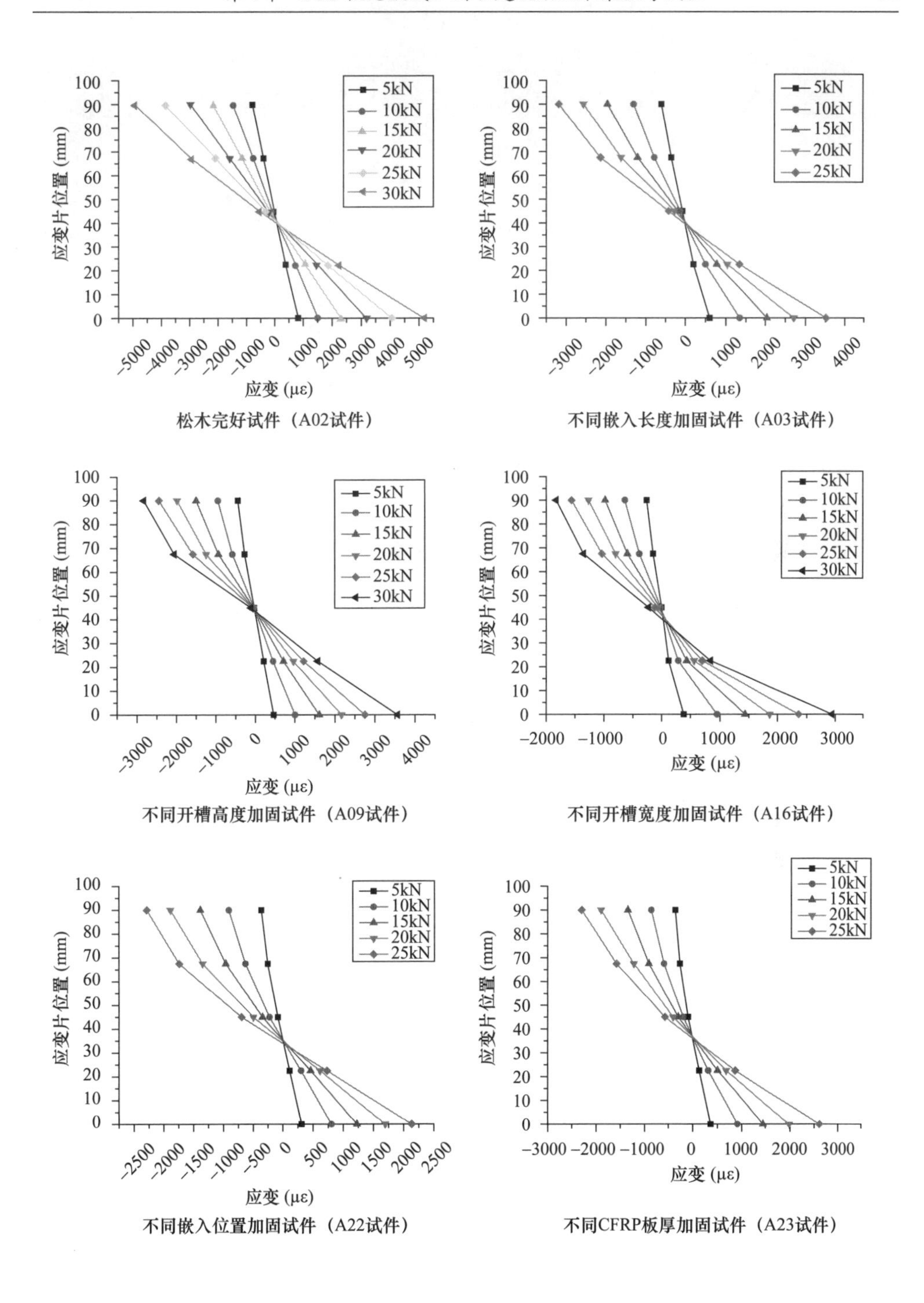
应变片位置 (mm)
应变 (με)
5kN
10kN
15kN
20kN
25kN
30kN
松木完好试件（A02试件）
不同嵌入长度加固试件（A03试件）
不同开槽高度加固试件（A09试件）
不同开槽宽度加固试件（A16试件）
不同嵌入位置加固试件（A22试件）
不同CFRP板厚加固试件（A23试件）

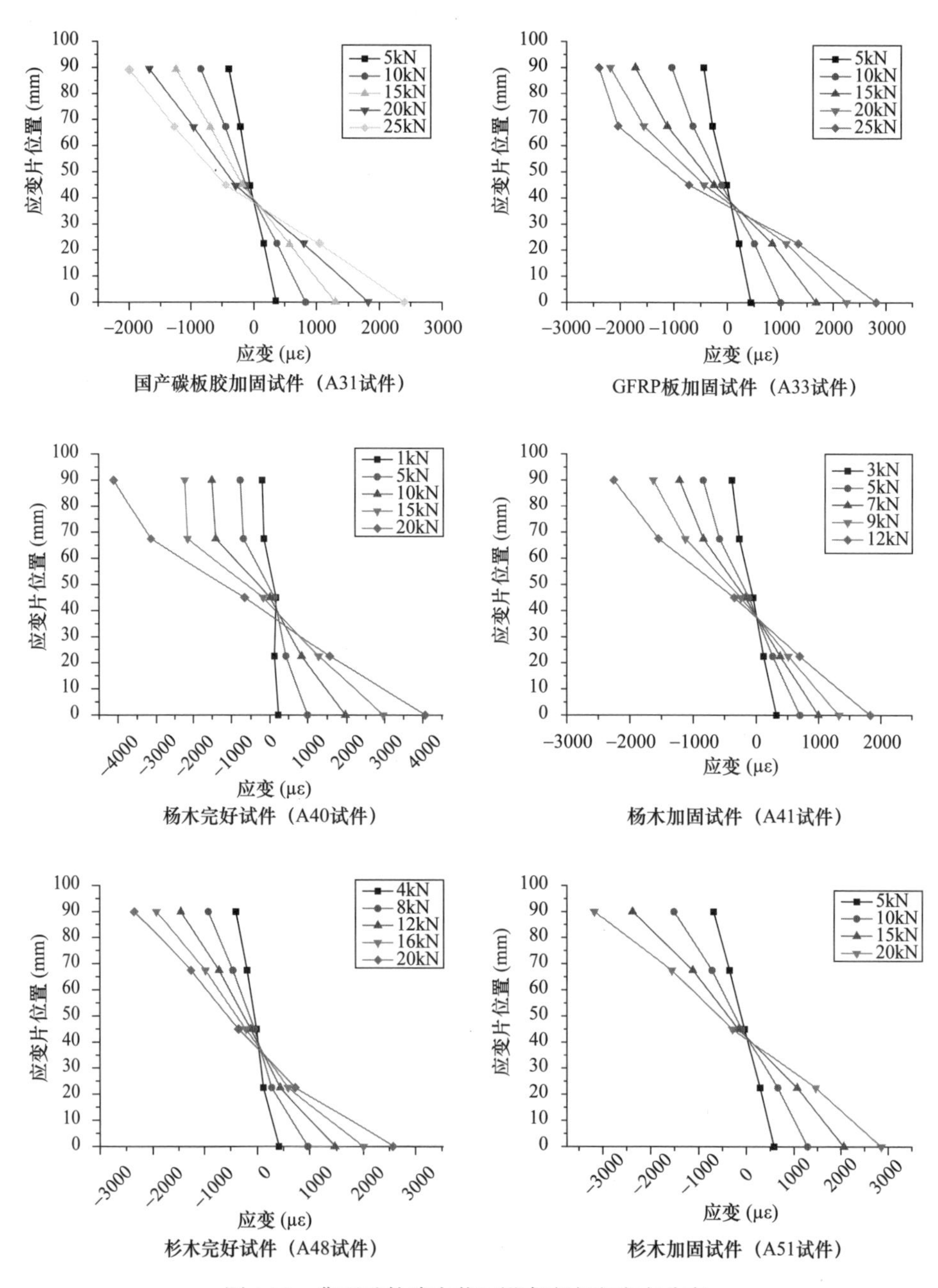

图4-18 典型试件跨中截面沿高度方向应变分布

基本符合平截面假定。

4.2 本章小结

（1）CFRP、GFRP板隐蔽式加固古建筑缩尺木梁抗弯试验中松、杨、杉木的健康试件均出现弯曲受拉破坏；三者加固试件中大部分出现弯曲受拉破坏，少部分试件出现沿截面高度处的纵向剪切破坏，个别试件为树节处造成的破坏，试验中未出现受压失效的情况。木材、碳板胶及FRP板三者协同工作性能良好。且在协同工作方面，GFRP板优于CFRP板，瑞士西卡碳板胶优于国产碳板胶。

（2）CFRP、GFRP板隐蔽式加固古建筑缩尺木梁抗弯试验中，FRP板隐蔽式加固可以显著提高松木、杨木及杉木梁的极限抗弯承载力及抗弯刚度，最优加固梁的抗弯力学性能可达到或超过健康木梁。在加固位置与CFRP板数量相同的情况下，增加嵌入CFRP板长度既可明显提高梁的抗弯力学性能，又因充分的锚固长度确保粘接界面的可靠及良好的协同工作性能。在加固位置与CFRP板数量相同的情况下，增加嵌入CFRP板宽度可明显提高梁的抗弯力学性能，当板宽为截面高度1/3时加固梁承受荷载最大。在加固位置与CFRP板数量相同的情况下，增加开槽宽度可以提高梁的抗弯力学性能，当槽宽为截面宽度1/10时效果最佳，随着槽宽继续增加抗弯力学性能反而明显下降。对于嵌板位置及数量的影响，梁底嵌入二块CFRP板的加固梁抗弯力学性能最优，梁底嵌入一块CFRP板的加固梁同梁侧各嵌一块CFRP板的加固梁抗弯力学性能相近。应用国产碳板胶的加固梁其抗弯加固效果不及同类型的瑞士西卡碳板胶。应用GFRP板的加固梁其抗弯加固效果不及CFRP板。应用FRP板隐蔽式加固方法，松木加固梁的抗弯力学性能提升幅度高于杨木和杉木。

（3）CFRP、GFRP板隐蔽式加固古建筑缩尺木梁抗弯试验中，健康梁和加固梁跨中沿截面高度的应变均呈线性分布，基本符合平截面假定。

第5章　CFRP板隐蔽式加固古建筑残损木梁抗弯试验

前述示例受弯构件出现的代表性病害类型：材质退化和挠曲变形，其中挠曲变形为外在表现，材质退化则是内在原因。木材的糟朽、虫蛀、干缩开裂、生长缺陷等，如出现在跨中会导致构件有效截面削弱，承载力下降，挠度增大。如出现在端头则会导致节点连接失效。针对修缮加固工程具体需求，本章在上一章节基础上，开展相关试验研究，人为模拟跨中有效截面削弱及端头糟朽局部换新的缩尺与足尺残损木梁，应用FRP板隐蔽式加固技术对其进行补强，验证其效果。对于挠度过大构件的加固，则在下一章节作相应的理论分析。

5.1　CFRP板隐蔽式加固古建筑缩尺残损木梁抗弯试验

鉴于古建筑木梁中部或端部常出现的严重糟朽或虫蛀空洞等残损现象，以致需要对整根进行替换；或是应用FRP布表面包裹影响古建筑美观等弊端。本研究提出一种维修加固方法：将发生病害的部分切除，用同种健康木材与剩余的完好部分通过榫卯的方式拼接，组成与原构件等长的梁，同时，采用碳板胶粘结榫卯节点，并应用CFRP板嵌贴木梁底面补强。这种方法可以最大程度保护木梁的原貌，保存木梁本体所承载的价值信息，因而对于古建筑木构件的修缮加固具有重要意义。本节着重于探讨不同的拼接位置、榫卯节点的连接形式等对CFRP板隐蔽式加固木梁抗弯性能的影响。

5.1.1　试验设计与方法

5.1.1.1　材料

选取同前述缩尺试件相同批次的东北落叶松作为试验用木材材料。CFRP板由卡本复合材料（天津）有限公司提供，其厚度为2.0 mm。碳板胶为西卡（中国）有限公司提供的Sikadur-30CN。

5.1.1.2　试验设计

本次试验拟通过榫卯位于纯弯段及剪弯段的拼接木梁模拟古建筑中因糟朽、空洞而进行部分替换的情况，并在木梁底面开槽内嵌两块CFRP板，以期加固后梁的抗弯承载力得到明显提高乃至恢复到完好梁的水平。木梁试件的规格均为60 mm（宽）×90 mm（高）×1100 mm（长）。试件榫卯样式及做法参照传统工艺技术[99]，见图5-1。

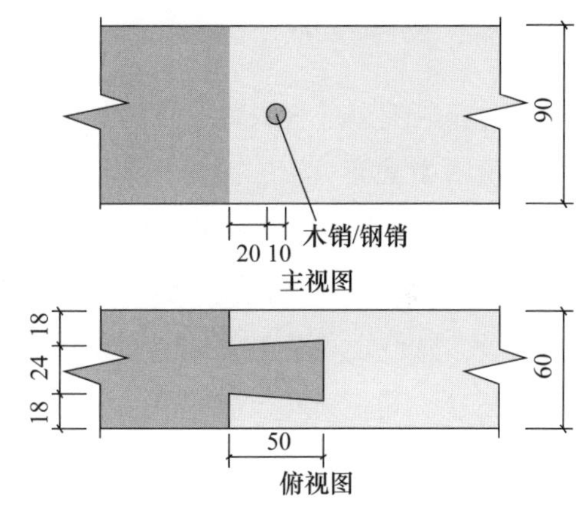

图5-1　榫卯节点示意图（单位：mm）

相同工况的试件制作2根，共计22根，分为对比完好梁（B01～B02），未加固拼接梁（B03～B10）和已加固拼接梁（B11～B22）三类，见表5-1。

表5-1　试验设计方案

试件类型	试件编号	榫卯位置	节点连接形式	加固形式	配板率（%）
完好梁	B01、B02	—	—	—	—
未加固拼接梁	B03、B04	梁长1/2处	木销及碳板胶粘接	—	—
	B05、B06	梁长1/2处	钢销及碳板胶粘接	—	—
	B07、B08	梁长1/4处	木销及碳板胶粘接	—	—
	B09、B10	梁长1/4处	钢销及碳板胶粘接	—	—
加固拼接梁	B11、B12	梁长1/2处	木销及碳板胶粘接	梁底内嵌CFRP板	0.74
	B13、B14	梁长1/2处	钢销及碳板胶粘接	梁底内嵌CFRP板	0.74
	B15、B16	梁长1/2处	碳板胶粘接（无销）	梁底内嵌CFRP板	0.74
	B17、B18	梁长1/4处	木销及碳板胶粘接	梁底内嵌CFRP板	0.74
	B19、B20	梁长1/4处	钢销及碳板胶粘接	梁底内嵌CFRP板	0.74
	B21、B22	梁长1/4处	碳板胶粘接（无销）	梁底内嵌CFRP板	0.74

加固梁的制作流程为：首先将碳板胶均匀涂抹在榫卯表面，通过榫卯、销钉和碳板胶将断梁拼接为一体；待23℃室温养护3天后，在拼接好的木梁底面沿中线左右对称各开一槽，槽尺寸为30 mm（高）×3 mm（宽），两槽间净距14 mm，对槽内进行清洁处理，随后嵌入尺寸为30 mm（宽）×2 mm（厚）的CFRP板，并用碳板胶填满槽内空隙；最后将试件静置于水平地面上养护7天。

5.1.1.3 试验方法

为获取受力过程中梁的挠度，在木梁跨中位置左右侧各布置一支位移计；为获取梁跨中截面、梁底面及榫卯节点接缝两侧的变形，在相应位置布置应变片，见图5-2。同时观察和记录试件破坏的全过程。位移计和应变片数据采用德国IMC8通道动态应变测量系统采集，采样频率20 Hz。位移计量程30 mm，精度等级一级，最小分辨率10^{-3} mm。负荷传感器的量程50 KN，精度等级一级，最小分辨力±1N。电阻式应变片型号为DZ120-15AA，河北邢台产，栅长×栅宽为15×3 mm，电阻值120.0±0.1 Ω，级别为A级，灵敏系数为2.08±1%，基底为纸基。

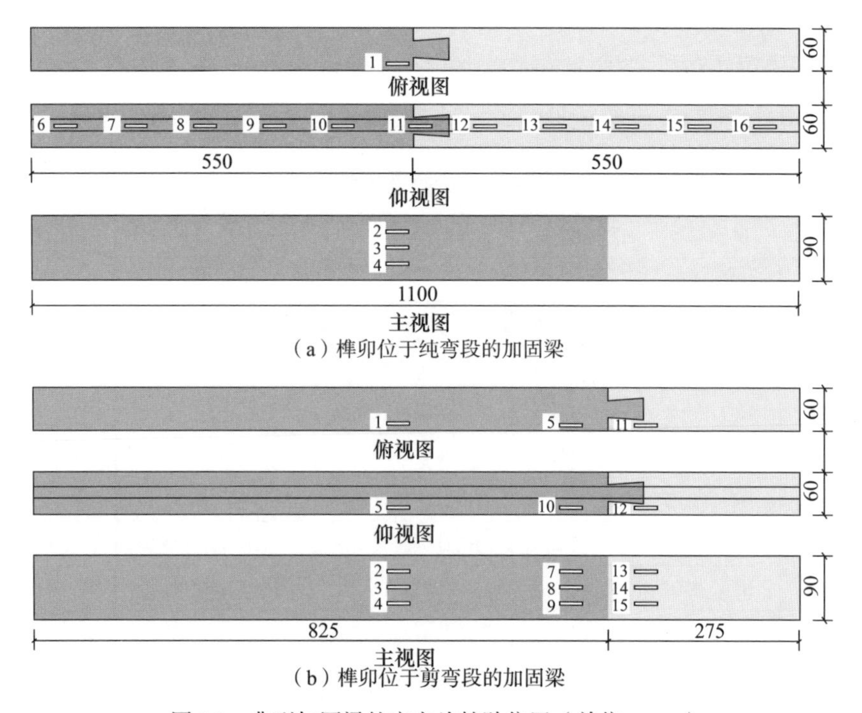

图5-2 典型加固梁的应变片粘贴位置（单位：mm）

试验依据中国《木结构试验方法标准》(GB/T50329-2012)，采用QBD100电子万能试验机进行三分点加载，荷载通过分配梁传递，见图5-3。加载速率约为5 mm/min，每个试件加载时间为8～12 min。

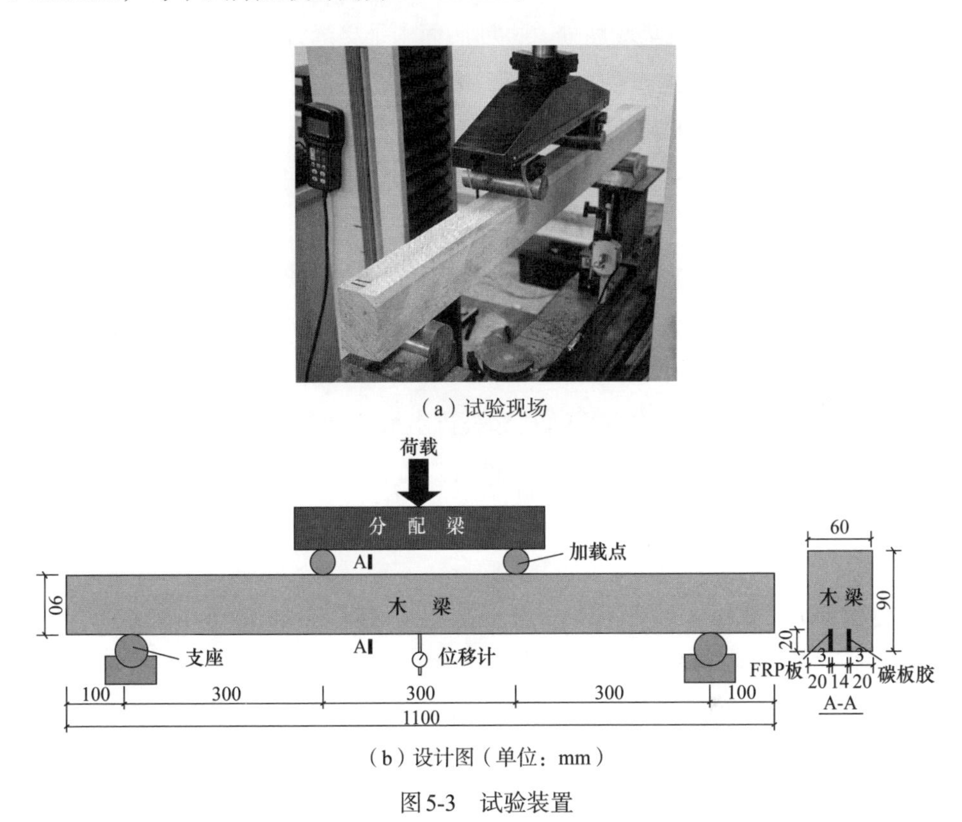

(a) 试验现场

(b) 设计图(单位：mm)

图5-3　试验装置

5.1.2　试验结果与分析

5.1.2.1　破坏现象

完好梁B01、B02，均发生由于试件底面受拉，导致边缘木纤维断裂的破坏，加载过程中伴随着不断增大的劈裂声，最终发生破坏，卸载后试件跨中挠度大部分不可恢复，见图5-4(a)。

未加固拼接梁：榫卯位于梁长的1/2处的B03、B04及B05、B06试件，当荷载增加至极限荷载40%～72%时，发出细碎的劈裂声，继续加载至极限荷载时，伴随明显声响，榫卯竖向接缝自梁侧面1/2至底面处、榫卯底面水平接缝处均被拉断，底面榫头明显劈裂。卸载后接缝处变形基本恢复，见图5-4（b）。榫卯位于梁长的1/4处的B07、B08及B09、B10试件，当荷载增加至极限荷载45%～70%时，发出细碎的劈裂声，继续加载至极限荷载时，伴随明显声响，榫卯竖向接缝自梁侧面中线至底面处、榫卯底面水平接缝处均被拉断，底面榫头明显劈裂。卸载后试件跨中挠度基本恢复。

已加固拼接梁：榫卯位于梁长的1/2处的B11～B16试件：B11试件，当荷载增加至极限荷载38%时，发出纤维断裂的噼啪声，继续加载至极限荷载时，顶面加载点附近木纤维压溃、皱褶，伴随数声巨响，榫卯竖向接缝自顶面向下1/3截面高度处至底面水平接缝处均被拉断，梁侧面固定榫卯的木销周围出现数条明显的纵向裂缝，以致梁底边缘木材与CFRP板明显脱开，延伸至支座附近；B12试件，当加载至极限荷载时，顶面加载点附近木纤维压溃、皱褶，伴随明显声响，榫卯接缝自梁顶面至底面均被拉断、榫头拔出尺寸约1.5 mm，侧面固定榫卯的木销附近出现二条纵向细裂缝；B13试件，当荷载增加至极限荷载52%时，发出纤维断裂声，继续加载至极限荷载时，加载点附近木纤维压溃、皱褶，伴随数声巨响，榫卯接缝自顶面至底面大部分被拉断，侧面固定榫卯的钢销处出现二条纵向细裂缝；B14试件，加载至极限荷载时，加载点附近木纤维压溃、皱褶，伴随数声巨响，榫卯接缝自顶面向下1/3截面高度处至底面被拉断，侧面固定榫卯的钢销处出现数条明显的纵向裂缝，见图5-4（c）；B15试件，当荷载增加至极限荷载39%时，发出纤维断裂声，继续加载至极限荷载时，加载点附近木纤维压溃、皱褶，伴随数声巨响，榫卯接缝自顶面至底面大部分被拉断，跨中截面1/2处出现数条纵向宽裂缝，以致梁底边缘木材与CFRP板脱开；B16试件，当加载至极限荷载时，加载点附近木纤维压溃、皱褶，伴随数声巨响，榫卯接缝自顶面向下1/3截面高度处至底面被拉断，跨中截面1/2～1/3处出现数条纵向细裂缝。

已加固拼接梁：榫卯位于梁长的1/4处的B17～B22试件：B17试件，当荷载增加至极限荷载86%时，发出纤维断裂的噼啪声，继续加载至极限荷载时，顶面加载点附近木纤维压溃、皱褶，伴随数声巨响，榫卯竖向接缝自顶面向下1/3截面高度处至底面水平接缝处均被拉断，梁侧面榫卯接缝处靠近加载端一边出现二条明显的纵向裂缝，以致远离加载端一边的CFRP板从木材中轻微脱出，周围的碳板胶碎裂；B18试件，当加载至极限荷载时，顶面加载点附近木纤维压溃、皱褶，伴随数声巨响，榫卯竖向接缝自梁截面1/2处至底面水平接缝处均被拉断，

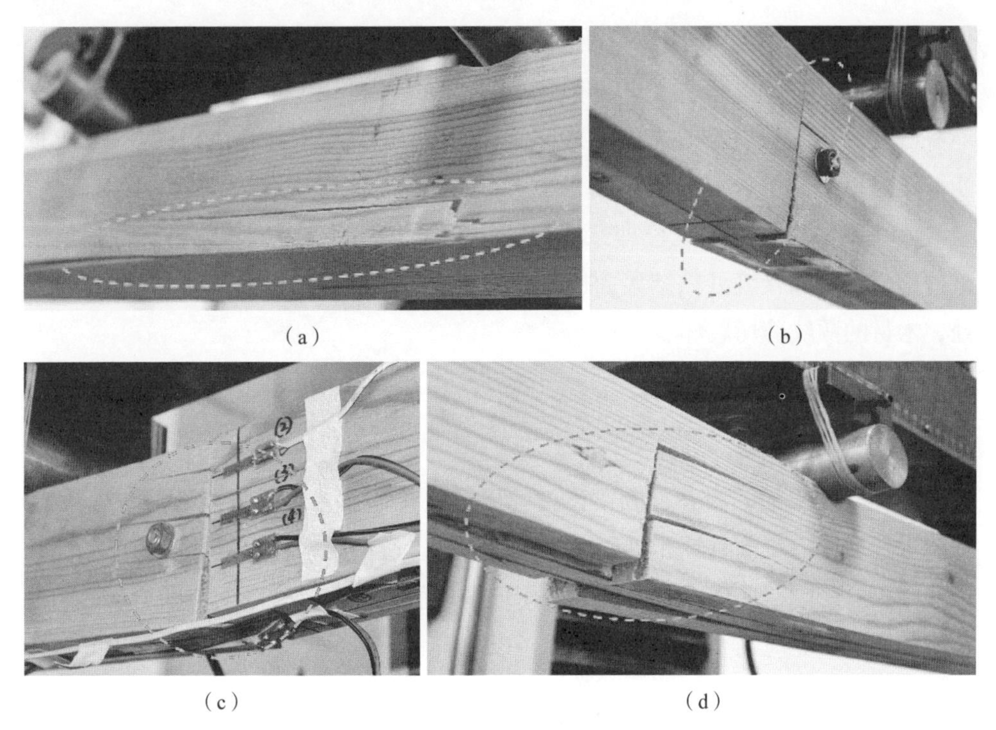

（a）　（b）

（c）　（d）

图5-4　典型试件的破坏形态

梁侧面榫卯接缝处靠近加载端一边出现几条纵向细裂缝，卸载后榫卯接缝处变形基本恢复，见图5-4（d）；B19试件，加载至极限荷载时，顶面加载点附近木纤维压溃、皱褶，伴随数声巨响，榫卯竖向接缝自梁截面1/2处至底面水平接缝处均被拉断，梁侧面榫卯接缝处靠近加载端一边出现一条纵向宽裂缝，以致远离加载端一边的底面榫头轻微脱出；B20试件，当荷载增加至极限荷载40%时，发出纤维断裂的噼啪声，继续加载至极限荷载时，顶面加载点附近木纤维压溃、皱褶，伴随数声巨响，榫卯竖向接缝自梁截面1/2处至底面水平接缝处均被拉断，梁侧面榫卯接缝处靠近加载端一边呈现纵向爆炸型断裂，以致远离加载端一边的部分榫头与CFRP板严重脱出，一根CFRP板被撕裂，固定榫卯的钢销处也出现二条纵向细裂缝；B21试件，当荷载增加至极限荷载37%时，发出纤维断裂的噼啪声，继续加载至极限荷载时，顶面加载点附近木纤维压溃、皱褶，伴随数声巨响，榫卯竖向接缝自梁截面1/2处至底面水平接缝处均被拉断，梁侧面榫卯接缝处靠近加载端一边出现二条纵向裂缝，以致该侧底面边缘木材轻微脱出；B22试件，加载至极限荷载时，顶面加载点附近木纤维压溃、皱褶，榫卯竖向接缝自梁侧面

1/2处至底面水平接缝处均被拉断，梁侧面榫卯接缝处靠近加载端一边出现一条纵向裂缝，远离加载端一边的CFRP板从木材中轻微脱出，周围的碳板胶碎裂。

通过上述试验现象的描述可见：（1）加固梁试件中木材、碳板胶及CFRP板能够较好地协同工作。（2）对比完好梁均出现跨中底部木纤维拉断的受弯破坏；未加固拼接梁试件均出现榫卯接缝处粘结界面拉断的受弯破坏；已加固拼接梁试件均出现榫卯接缝处粘结界面拉断的受弯破坏和接缝附近梁截面1/2～1/3高度处，木材的顺纹剪切破坏。

5.1.2.2 主要试验结果

完好梁、未加固梁和加固梁试件的极限抗弯承载力计算结果见表5-2。虽然试验中选取同一批次材性相近的芯材，但仍难以避免因木材力学性能的离散性对试验结果的影响，所以对试验结果采用取平均值进行比较，对于个别承载力相差较大的情况，亦应结合试件实际情况予以取值。

表5-2 主要试验结果

试件类型	试件编号	极限荷载（kN）	荷载平均值（kN）	比率（%）
完好梁	B01	34.62	35.15	—
	B02	35.67		
未加固拼接梁	B03	6.92	6.66	18.9
	B04	6.40		
	B05	8.46	8.65	24.6
	B06	8.83		
	B07	11.45	12.85	36.6
	B08	14.25		
	B09	16.21	15.63	44.5
	B10	15.04		
加固拼接梁	B11	33.71	30.60	87.1
	B12	27.48		
	B13	31.80	33.07	94.1
	B14	34.34		

续表

试件类型	试件编号	极限荷载（kN）	荷载平均值（kN）	比率（%）
加固拼接梁	B15	33.32	30.16	85.8
	B16	27.01		
	B17	34.98	33.97	96.6
	B18	32.97		
	B19	32.30	36.47	103.8
	B20	40.63		
	B21	28.44	30.76	87.5
	B22	33.08		

由表5-2可知：（1）拼接梁试件B03～B10的榫卯节点经碳板胶粘结和加销处理后，抗弯承载力仍然较低，仅为完好木梁的18.9%～44.5%，尚难满足古建筑修缮加固的要求。（2）拼接梁试件B11～B22经CFRP板隐蔽式加固后，抗弯承载力大幅提高，可达完好木梁的85.8%～103.8%，加固效果显著。（3）比较不同位置榫卯接头未加固和已加固试件的抗弯承载力大小，无论接头位于纯弯段（1/2处）或剪弯段（1/4处），均为加钢销＞加木销＞不加销，这是因为在破坏过程中，钢销能更好的约束榫头，提供更强的抵抗力。（4）结合CFRP板隐蔽式加固试件的破坏现象，出现明显顺纹剪切裂缝或断裂的试件，其极限承载力较相同工况（同种加固方式，同种加固量）试件均更大，也说明加固梁的抗弯承载力得到有效补强。

由荷载-跨中位移曲线可知：（1）如图5-5（a），完好梁B1、B2，出现了平缓的塑形阶段；如图5-5（b），未加固拼接梁均处于弹性阶段，属脆性破坏；如图5-5（c）和（d），大部分已加固拼接梁出现了平缓的塑形阶段，属延性破坏，但B16、B18、B20受顺纹剪切作用则发生脆性破坏。（2）通过比较完好梁和已加固拼接梁的荷载-跨中挠度曲线的原点切线斜率K，见表5-3，已加固拼接梁的刚度可达完好梁的89.86%～134.78%，反映加固后木梁的刚度恢复明显，加固效果较好。

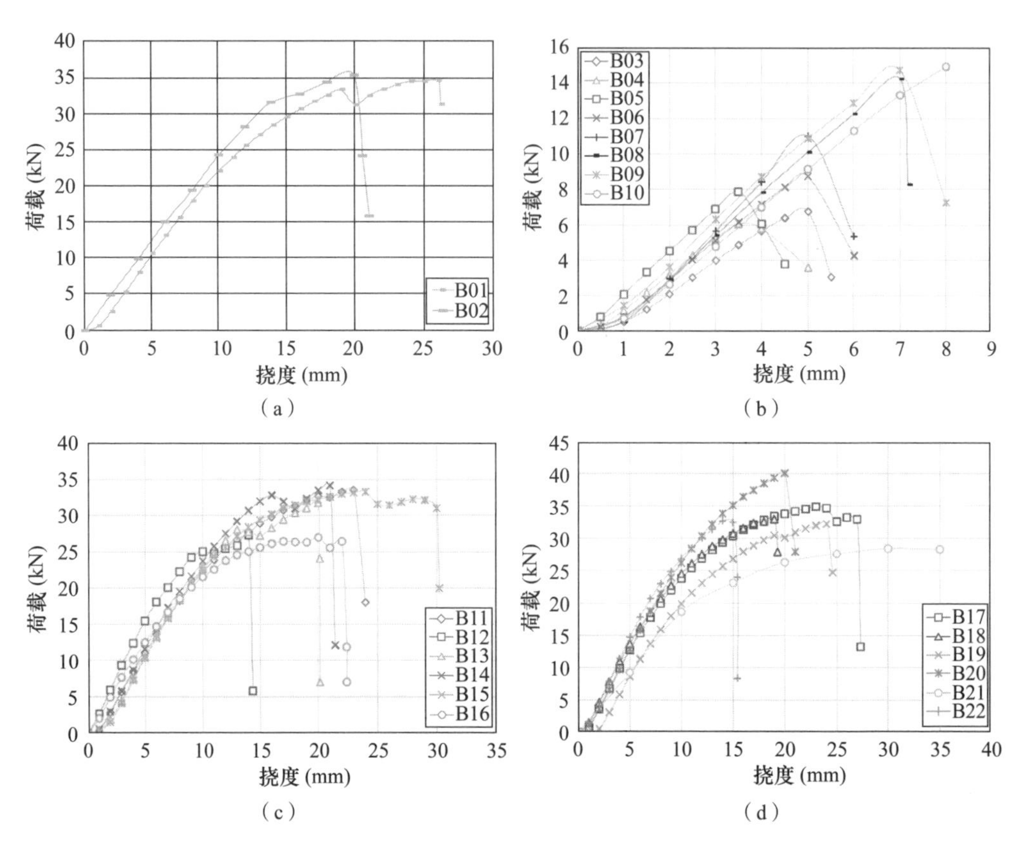

图5-5 试件荷载-跨中位移曲线

表5-3 试件荷载-跨中位移曲线特征值

试件类型	试件编号	切线斜率（kN·mm⁻¹）	斜率平均值（kN·mm⁻¹）	斜率比（%）
完好梁	B01	2.03	2.07	—
	B02	2.11		
加固拼接梁	B11	2.22	2.74	132.37
	B12	3.27		
	B13	1.82	2.04	98.55
	B14	2.27		
	B15	1.69	2.20	106.28
	B16	2.71		
	B17	2.64	2.79	134.78
	B18	2.94		

续表

试件类型	试件编号	切线斜率（$kN \cdot mm^{-1}$）	斜率平均值（$kN \cdot mm^{-1}$）	斜率比（%）
加固拼接梁	B19	1.25	1.86	89.86
	B20	2.48		
	B21	1.81	2.41	116.43
	B22	3.02		

5.1.2.3　应变分析

（1）跨中截面沿截面高度的应变变化

通过典型试件的跨中截面沿高度的应变变化，见图5-6：可发现木梁的应变分布呈线性关系，完好梁及未加固拼接梁基本符合平截面假定。榫卯接头处于剪

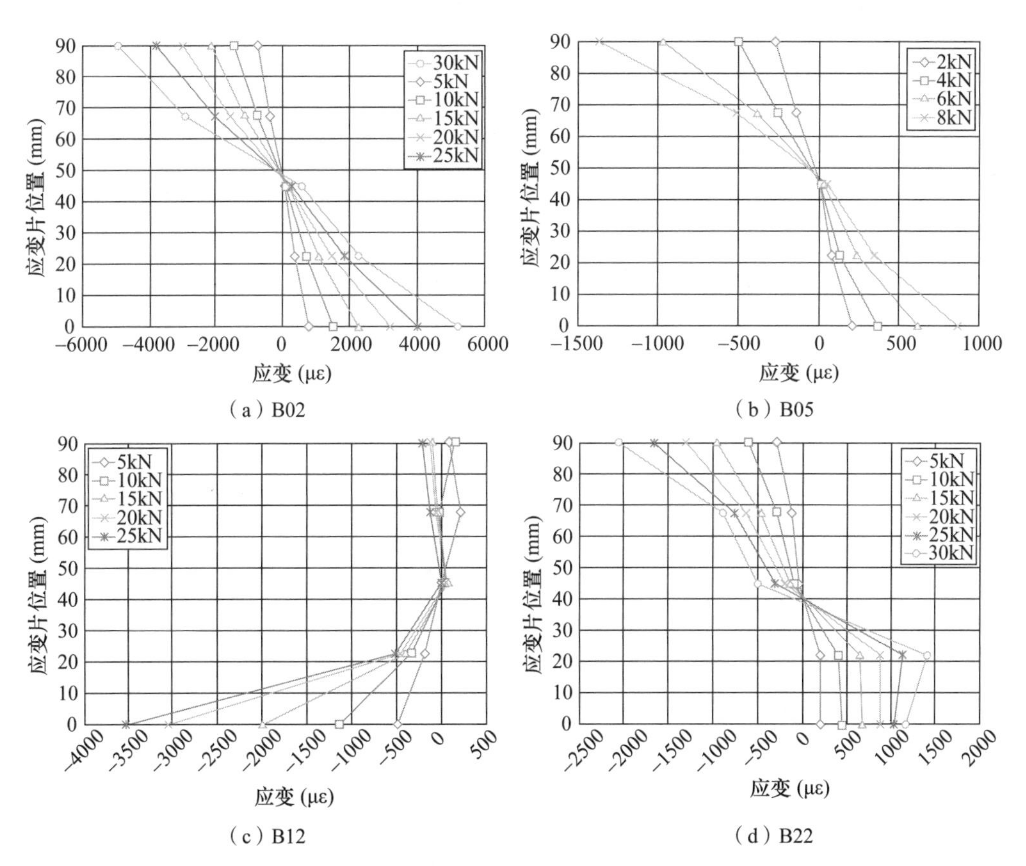

图5-6　典型试件跨中截面沿高度方向应变分布

弯段的加固梁也基本符合平截面假定，但榫卯接头处于纯弯段的加固梁与平截面假定存在一定差距。

（2）跨中截面边缘应变对比

通过典型试件的跨中截面边缘应变对比，见图5-7：可发现CFRP板隐蔽式加固拼接梁的初始弯曲刚度大于完好梁及未加固拼接梁；当荷载一定时，加固拼接梁受压边缘压应变和受拉边缘拉应变明显小于完好梁及未加固拼接梁。

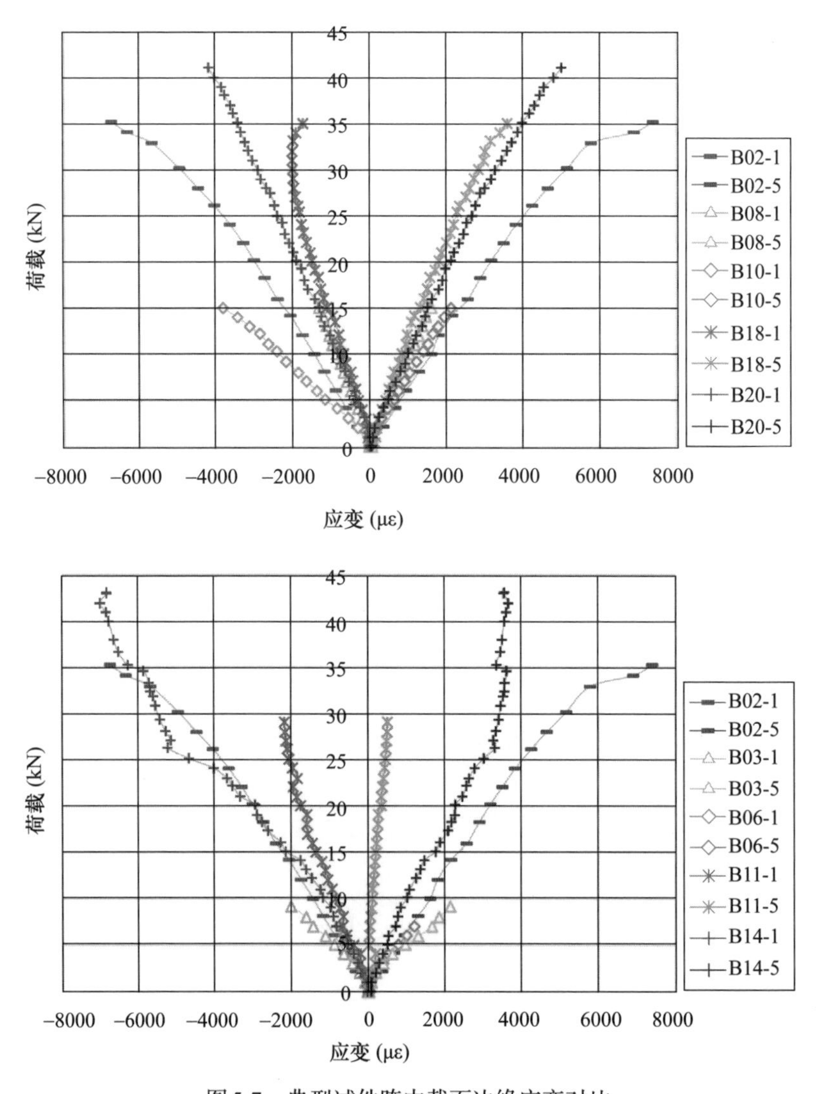

图5-7 典型试件跨中截面边缘应变对比

（3）加固试件底面沿轴向应变分布

通过典型加固梁底面纵向应变变化，见图5-8：底面纵向应变基本左右对称，在纯弯段达到最大值且较为平均；应变随荷载的增加而增加。也进一步说明加固梁在破坏前CFRP板、碳板胶和木材粘结良好，能够协同工作。

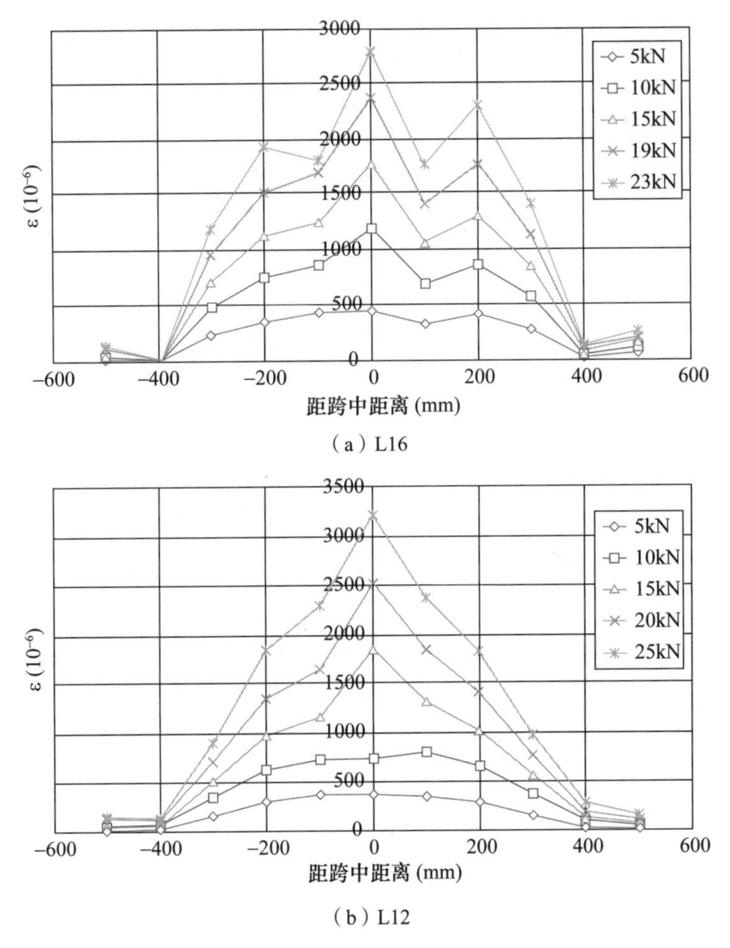

图5-8　典型试件底面沿梁轴向应变分布

5.2　CFRP板隐蔽式加固古建筑足尺残损木梁抗弯试验

通过缩尺残损木梁加固试验，已证明CFRP板隐蔽式加固的明显效果，为进一步验证CFRP板隐蔽式加固方法对古建筑足尺木梁抗弯性能的提升效果，分析其主要影响因素，本研究依不同树种设计了3组共14根试件的足尺试验。

5.2.1 试验设计与方法

5.2.1.1 材料

试验所用木材选择与缩尺梁相同批次的东北落叶松，用于加工试件的清材其每根自重之差控制在±10%以内。由于落叶松的生长特点导致树节较多，故注意避免木梁受拉一侧出现大的节疤和缺陷。应用德国GANN牌HT85T型便携式木材水分计（刺针电阻式）对14根试件的含水率进行检测（图5-9），数据见表5-4。

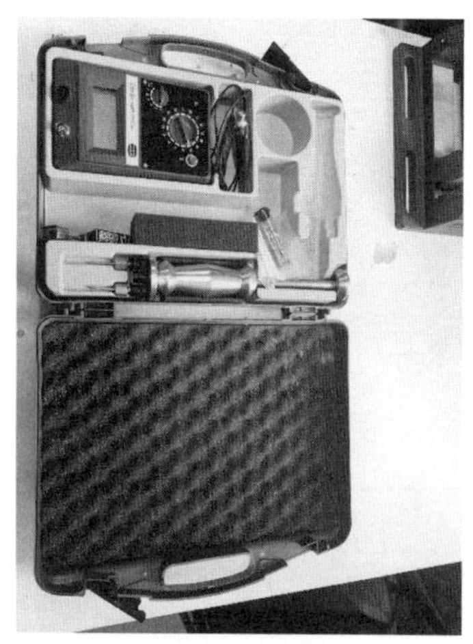

（a）HT85T水分计

（b）现场检测

图5-9 足尺木梁含水率测试

由于试件含水率差别较大，因此在进行数据分析时均应将材性指标折算至12%含水率时的数值。

表5-4 试件的含水率

试件编号	试件含水率（%）
C01	23.3
C02	18.9
C03	20.4
C04	24.1

续表

试件编号	试件含水率（%）
C05	23.9
C06	18.1
C07	19.6
C08	25.2
C09	20.7
C10	21.5
C11	19.8
C12	17.0
C13	19.4
C14	20.2

加固用CFRP板由卡本复合材料（天津）有限公司提供，其厚度为3.0 mm、宽度为50 mm。碳板胶为西卡（中国）有限公司提供的Sikadur-30CN。

5.2.1.2　试件设计与加工

为研究CFRP板材加固长度、加固位置、残损类型对加固木梁抗弯力学性能的影响，试验设计的梁类型分为松木健康梁、松木模拟残损梁、CFRP板隐蔽式加固松木梁，杨木健康梁、杨木模拟残损梁、CFRP板隐蔽式加固杨木梁，杉木健康梁、杉木模拟残损梁、CFRP板隐蔽式加固杉木梁，见表5-5和图5-10。

残损类型主要包括：跨中截面高度削弱型（如跨中位置因糟朽、虫蛀等产生的孔洞）和部分替换型（如梁端位置因糟朽、虫蛀等需进行替换的情况）。

表5-5　试件设计方案

试件类型	试件编号	残损类型	CFRP板厚度、宽度、长度（mm）	CFRP板片数	嵌板位置
松木健康梁	C01	—	—	—	—
松木模拟残损梁	C02	—	—	—	—
松木加固梁	C03	跨中截面高度削弱1/4	3×50×3240	1	梁底面

续表

试件类型	试件编号	残损类型	CFRP板厚度、宽度、长度（mm）	CFRP板片数	嵌板位置
松木加固梁	C04	跨中截面高度削弱1/4	3×50×1080	2	梁底面
	C05	跨中截面高度削弱1/4	3×50×2160	2	梁底面
	C06	跨中截面高度削弱1/4	3×50×3240	2	梁底面
	C07	跨中截面高度削弱1/4	3×25×3240	2	梁侧面
	C08	一端替换梁长1/4	3×50×3240	2	梁底面
杨木健康梁	C09	—	—	—	—
杨木模拟残损梁	C10	—	—	—	—
杨木加固梁	C11	跨中截面高度削弱1/4	3×50×3240	2	梁底面
杉木健康梁	C12	—	—	—	—
杉木模拟残损梁	C13	—	—	—	—
杉木加固梁	C14	跨中截面高度削弱1/4	3×50×3240	2	梁底面

试件的制作流程为：（1）按照设计图纸用专业木工工具将木梁的长、宽、高尺寸加工成型，并将表面刨光；（2）将模拟残损梁及加固梁中截面削弱型试件，沿跨中截面高度挖去1/4，并用碳板胶将相同尺寸、树种的新木块嵌补在被挖掉的位置。对于部分替换型试件，则通过榫卯、钢销钉和碳板胶将断梁拼接为一体；（3）待3天后碳板胶彻底凝固，用手持电动圆锯在梁底及侧面开槽，并用气枪、毛刷等将木槽内清理干净；（4）嵌入裁切好的CFRP板，并用碳板胶填满槽内空隙（图5-11）；（5）最后将完成加固的试件静置于室温下的水平地面上养护7天，对于部分替换型试件则再安装上钢箍；（6）按照试验方案要求在试件表面相应位置粘贴应变片。

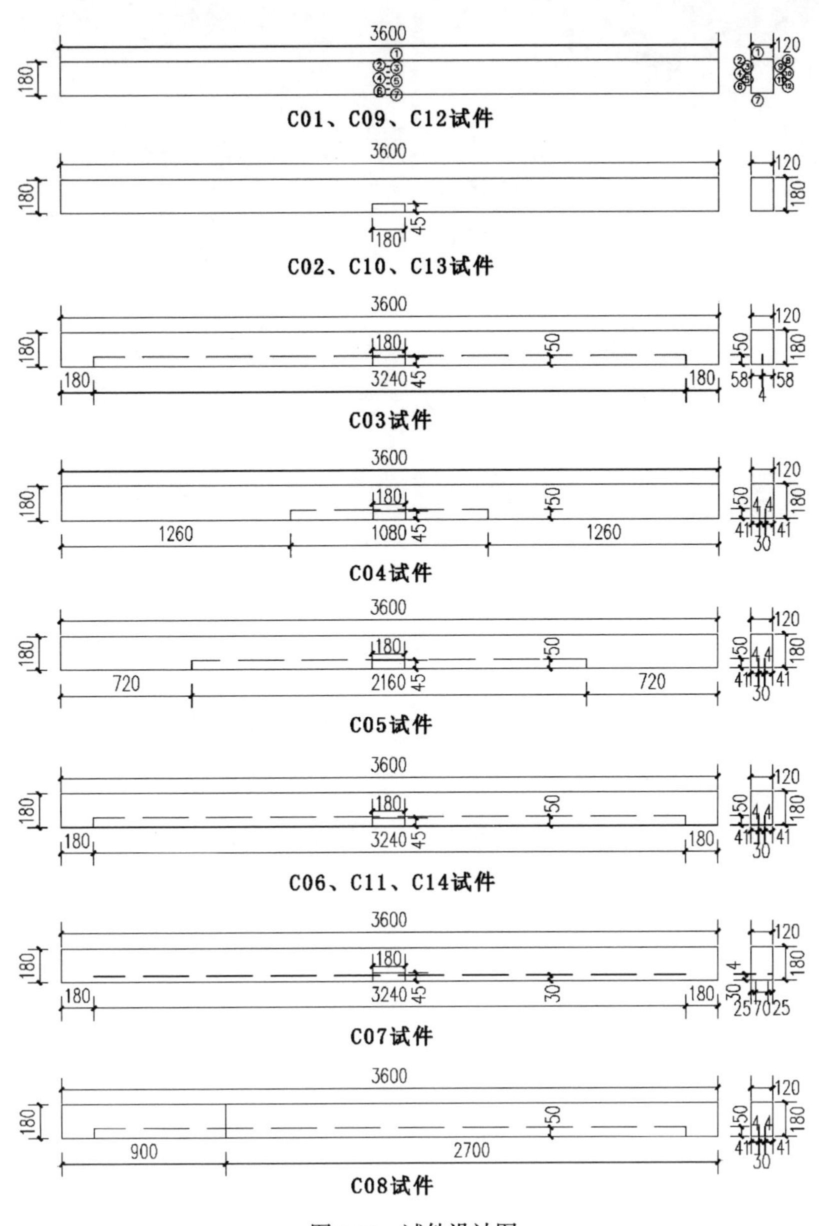
3600
180
120
C01、C09、C12试件
3600
180
120
180
45
C02、C10、C13试件
3600
180
120
180
50
45
3240
58
4
C03试件
3600
180
120
50
1260
1080
45
41
30
C04试件
3600
180
120
50
720
2160
45
41
30
C05试件
3600
180
120
50
3240
45
41
30
C06、C11、C14试件
3600
180
120
4
3240
45
30
25
70
C07试件
3600
180
120
50
900
2700
41
30
C08试件

图5-10　试件设计图

（a）加工　（b）裁板

（c）开槽　（d）嵌板

（e）养护　（f）贴片

图5-11　试件加工过程

5.2.1.3　试验方法

试验依据中国《木结构试验方法标准》（GB/T50329-2012），采用液压千斤顶对试件进行三分点加载，荷载通过分配梁传递，见图5-12。为了保证测得承载力的准确性，在试验加载过程中实行逐级加载方式，首先进行预加载（即先加载至2 kN，而后卸载），在保证每个仪器均能正常工作后，再从0开始每级加载3 kN，每加载一级，保持荷载稳定3 min，待试件开始发出轻微响声后，每级加载量改为1～2 kN，加载至破坏。每根试件的加载时间为20～30 min。

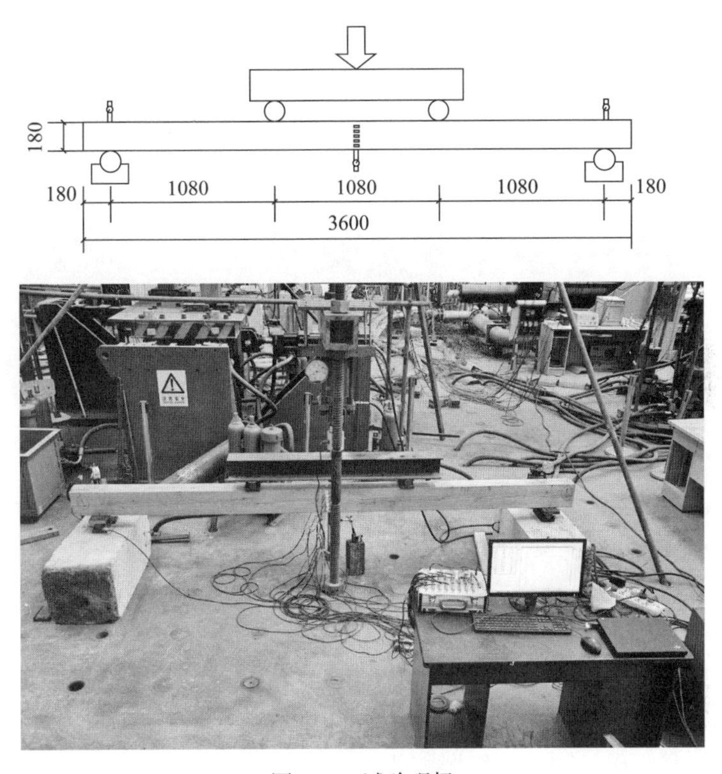

图5-12　试验现场

为获取受力过程中梁的挠度，在木梁跨中位置底面布置一支拉线式位移计，同时在两端支座处木梁顶面各布置一支位移计；为获取梁跨中截面、梁底面及榫卯节点接缝处的变形，在相应位置布置应变片，见图5-4。观察和记录试件破坏的全过程，并拍摄过程照片。位移计和应变片数据采用国产JM3841型静态应变测量系统采集，采样频率20 Hz；位移计量程100 mm，精度等级一级；负荷传感器的量程100 kN。电阻式应变片型号为DZ120-15AA，河北邢台产，栅长×栅宽为15 mm×3 mm，电阻值120.0±0.1 Ω，级别为A级，灵敏系数为2.08±1%，基底为纸基。

5.2.2 试验结果与分析

5.2.2.1 破坏现象

C01试件为完好的木梁。当加载至约32 kN时，出现轻微的木纤维断裂声响，至约50 kN时，随着数声巨响，木梁两侧底面附近木材被拉断，出现数条斜裂缝并延伸至剪弯区段，试件破坏，见图5-13。

图5-13 C01试件

C02试件为沿梁跨中高度方向削弱1/4后，嵌补相同尺寸木块的模拟残损梁。当加载至约5 kN时，出现持续的木纤维断裂声响，16 kN左右响声加剧，至约24 kN时，随着一声巨响，木梁两侧底面附近，自新补木块上沿及竖向粘结面与木梁主体撕裂断开，出现数条斜裂缝并延伸至剪弯区段，试件破坏，见图5-14。

图5-14 C02试件

C03试件为沿梁跨中高度方向削弱1/4后，底面竖嵌1块CFRP板的加固梁，CFRP板长度为3240 mm。当加载至11 kN时，出现木纤维断裂的轻微声响，30 kN左右劈裂声加剧，至约40 kN时，随着一声巨响，木梁两侧底面附近，自新补木块上沿与木梁沿水平方向断裂，水平裂缝延伸至剪弯区段，试件破坏，见图5-15。

图5-15　C03试件

C04试件为沿梁跨中高度方向削弱1/4后，底面竖嵌2块CFRP板的加固梁，CFRP板长度为1080 mm。当加载至约6 kN时，出现木纤维断裂的轻微声响，12 kN左右沿梁底新补木块上沿与木梁水平向粘结面出现斜裂缝，至24 kN左右时随着一声巨响，试件呈现爆炸式的彻底破坏：梁侧跨中附近出现自靠近底面树节延伸至顶面的贯穿式斜裂缝，8～12号应变片一侧底面新补木块与木梁彻底脱开并飞出，梁底竖嵌的2块CFRP板也自梁中严重脱出，CFRP板上粘附着大量胶体及木材的碎屑，见图5-16。

图5-16　C04试件

C05试件为沿梁跨中高度方向削弱1/4后，底面竖嵌2块CFRP板的加固梁，CFRP板长度为2160 mm。当加载至约15 kN时出现劈裂声响，至约25 kN时随着一声巨响，木梁两侧底面附近，自新补木块上沿与木梁沿水平方向断裂脱开，出现延伸至剪弯区段的水平裂缝及树节附近的数道细小斜裂缝，试件破坏。梁底竖嵌的2块CFRP板自梁中轻微脱出，CFRP板上粘附着大量胶体及木材的碎屑，见图5-17。

图5-17　C05试件

C06试件为沿梁跨中高度方向削弱1/4后，底面竖嵌2块CFRP板的加固梁，CFRP板长度为3240 mm。当加载至约20 kN时，出现木纤维断裂的声响，28 kN左右劈裂声持续不断，至约50 kN时，随着一声巨响，2～6号应变片一侧底面新补木块与木梁沿竖向粘结面断开，8～12号应变片一侧底面新补木块与木梁彻底脱开并飞出，自新补木块上沿水平粘接面处出现一道宽约15 mm的斜向裂缝延伸至木梁的剪弯区段；跨中附近，竖嵌的2块CFRP板自梁中脱出，CFRP板上粘附着部分胶体及木材的碎屑；试验破坏，见图5-18。

C07试件为沿梁跨中高度方向削弱1/4后，侧面水平嵌入2块CFRP板的加固梁，CFRP板长度为3240 mm。当加载至18 kN时，出现木纤维断裂的轻微声响，37 kN左右劈裂声加剧，至约50 kN时，随着一声巨响，木梁两侧底面自CFRP板下沿，新补木块与木梁沿竖向粘结面裂开，水平裂缝沿CFRP板延伸至剪弯区段，长度约300 mm，试件破坏，见图5-19。

C08试件为梁一端截断梁长1/4后，替换为相同尺寸新材，并用榫卯及钢销、钢箍对新旧部分予以连接后，在梁底竖嵌2块CFRP板的加固梁，CFRP板长度为3240 mm。当加载至约20 kN时，出现木材劈裂的声响，至约40 kN左右时随着

图5-18　C06试件

图5-19　C07试件

一声巨响，梁底榫头自卯口处轻微拔出，梁侧榫卯接缝处附近出现数条水平向裂缝，试件破坏，见图5-20。

C09试件为杨木完好木梁。当加载至约12 kN时，出现轻微的木纤维断裂声响，至约40 kN时，木梁两侧底面附近木材被拉断，试件破坏，见图5-21。

C10试件为沿梁跨中高度方向削弱1/4后，嵌补相同尺寸木块的杨木模拟残损梁。当加载至约5kN时，出现轻微的木纤维断裂声响，至约24 kN时，自新补木块上沿出现数条裂缝延伸至剪弯段，试件破坏，见图5-22。

图5-20 C08试件

图5-21 C09试件

图5-22 C10试件

C11试件为沿梁跨中高度方向削弱1/4后，底面竖嵌2块CFRP板的杨木加固梁，CFRP板长度为3240 mm。随着荷载不断增大，试件自新补木块上沿水平粘接面处出现数条宽裂缝并延伸至木梁的剪弯段，约38 kN时试件破坏，见图5-23。

C12试件为杉木完好木梁。当加载至约12kN时，出现轻微的木纤维断裂声响，至约48kN时，木梁两侧底面边缘木材被拉断，试件破坏，见图5-24。

图5-23　C11试件

图5-24　C12试件

C13试件为沿梁跨中高度方向削弱1/4后，嵌补相同尺寸木块的杉木模拟残损梁。当加载至约8 kN时，出现轻微的木纤维断裂声响，至约20 kN时，自新补木块上沿出现数条延伸至加载点的水平宽裂缝，试件破坏，见图5-25。

图5-25　C13试件

C14试件为沿梁跨中高度方向削弱1/4后，底面竖嵌2块CFRP板的杉木加固梁，CFRP板长度为3240 mm。随着荷载不断增大，试件自新补木块上沿水平粘接面处出现数条水平裂缝延伸至加载点，约28kN时试件破坏，见图5-26。

图5-26 C14试件

综上所述，试验中松、杨、杉木健康梁C01、C09、C12的破坏类型为木材弯曲受拉破坏；模拟残损梁C02、C10、C13的破坏类型为局部沿水平向或斜向木纤维的撕裂破坏；隐蔽式加固梁中：C03、C05、C07、C08的破坏类型为CFRP板与胶及木材与胶的界面破坏；C04、C06、C11、C14的破坏类型亦为局部沿水平向或斜向木纤维的撕裂破坏。其中C04、C05试件，由于CFRP板粘结长度不足，致板自木材中脱出。而该现象在加固长度为3240 mm的试件均未出现，因此，从木材、碳板胶及CFRP板三者协同工作性能来看，必须保证加固梁具有足够的粘结锚固长度（该长度与梁跨度等长为宜）。

5.2.2.2 荷载-位移曲线及抗弯力学性能

松、杨、杉木健康梁、模拟残损梁以及加固梁试件的极限荷载和抗弯刚度的计算结果见表5-6，其荷载-位移曲线见图5-27。

表5-6 主要试验结果

试件类型	试件编号	极限荷载（kN）	抗弯刚度（kN · m^2）
松木健康梁	C01	48.4	160.5
松木模拟残损梁	C02	24.8	93.3
松木加固梁	C03	38.8	139.6
	C04	22.2	121.4
	C05	25.8	157.5
	C06	51.4	138.2
	C07	50.2	147.1
	C08	36.1	141.3

续表

试件类型	试件编号	极限荷载（kN）	抗弯刚度（kN·m²）
杨木健康梁	C09	41.1	124.2
杨木模拟残损梁	C10	24.3	74.9
杨木加固梁	C11	37.7	133.3
杉木健康梁	C12	46.9	144.7
杉木模拟残损梁	C13	21.2	72.1
杉木加固梁	C14	27.1	177.2

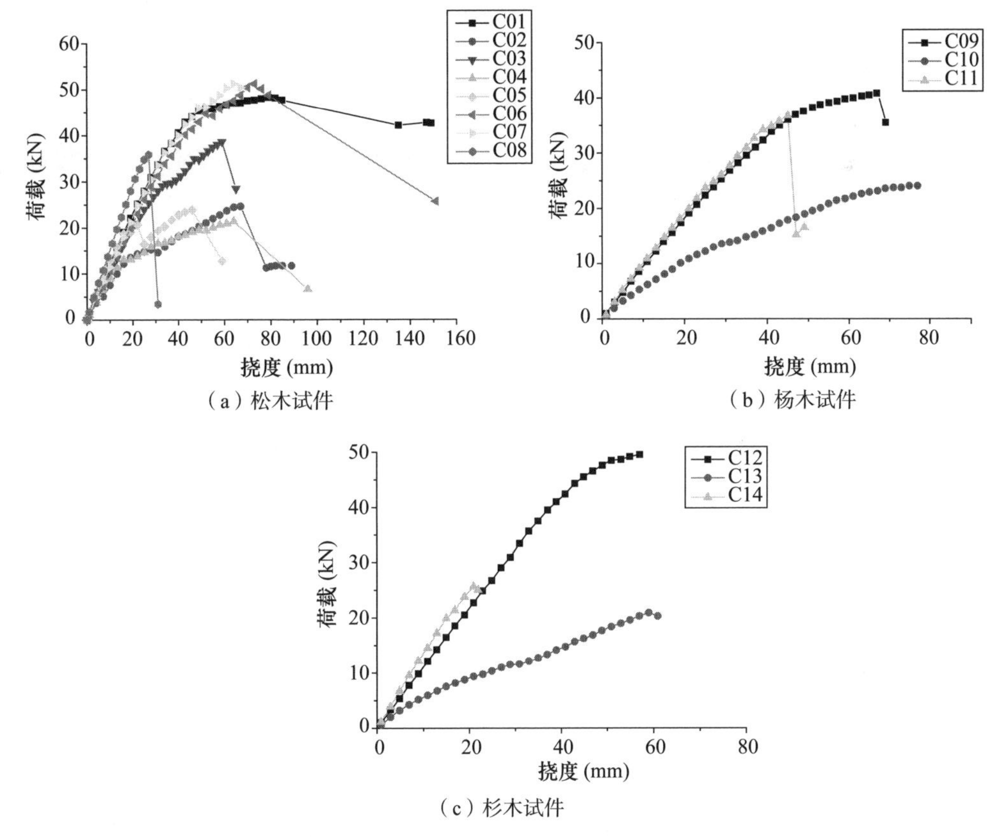

（a）松木试件　（b）杨木试件

（c）杉木试件

图5-27　试件的荷载-挠度曲线

分析松木试件的极限荷载提高情况：与模拟残损木梁C02相比，底面竖嵌1根CFRP板的加固梁C03提高56.5%，底面竖嵌2根CFRP板的加固梁C06提高107.3%，侧嵌2根CFRP板的加固梁C07提高102.4%；与健康木梁C01相比，底面竖嵌2根CFRP板的加固梁C06提高6.2%，侧嵌2根CFRP板的加固梁C07提高3.7%。加固梁C08则从残损状态的无法承受荷载恢复到健康木梁的74.6%。

分析杨木试件的极限荷载提高情况：加固梁C11与模拟残损木梁C10相比提高55.1%，恢复到健康木梁C09的91.7%。

分析杉木试件的极限荷载提高情况：加固梁C14与模拟残损木梁C13相比提高27.8%，恢复到健康木梁C12的57.8%。

分析松木试件的刚度提高情况：与模拟残损木梁C02相比，底面竖嵌1根CFRP板的加固梁C03提高49.6%，底面竖嵌2根CFRP板的加固梁C06提高48.1%，侧嵌2根CFRP板的加固梁C07提高57.7%；与健康木梁C01相比，底面竖嵌2根CFRP板的加固梁C06恢复到其86.1%，侧嵌2根CFRP板的加固梁C07恢复到其91.7%。加固梁C08则从残损状态的无刚度恢复到健康木梁的88.0%。

分析杨木试件的刚度提高情况：加固梁C11与模拟残损木梁C10相比提高77.9%，与健康木梁C09相比提高7.3%。

分析杉木试件的刚度提高情况：加固梁C14与模拟残损木梁C13相比提高145.8%，与健康木梁C12相比提高22.5%。

由此可见：（1）通过CFRP板隐蔽式加固方法，可以显著提高松、杨、杉木梁的极限荷载及抗弯刚度，最优加固梁的抗弯力学性能可达到甚至超过健康木梁。（2）对于松木试件，比较加固梁C03与C06，在加固位置与CFRP板长度相同的情况下，增加CFRP板数量即加固量可明显提高梁的极限荷载；比较加固梁C04、C05与C06，在加固位置与CFRP板数量相同的情况下，增加CFRP板长度既可明显提高梁的极限荷载，又因充分的锚固长度确保粘接界面的可靠及良好的协同工作性能。（3）对于松木试件，比较加固梁C03与C07，在加固量和CFRP板长度相同的情况下，改变加固位置及板的数量，通过在侧面嵌板可更好抑制梁底边缘处木纤维断裂所造成的破坏，从而提高极限荷载。（4）在具体的加固工程中，应结合古建木梁自身的价值特点，以最大限度保护价值信息为前提，选择合理的加固位置、长度及数量。

5.2.2.3 应力-应变曲线

沿梁跨中截面高度方向每侧均匀布置5个应变片，顶面、底面各布置1个应变片，间距为30 mm，见图5-10。分别以健康梁C01、模拟残损梁C02和加固梁C07、C08为例，分析跨中截面沿高度方向的应变分布：当应变为负值时，该部分截面处于受压状态，即该截面位于中性层之上；当应变为正值时，该部分截面处于受拉状态，即该截面位于中性层之下。从图5-28可知，对于跨中截面削弱型的模拟残损梁和加固梁试件，在嵌补木块与木梁主体粘结面失效前，两者可以协同工作，此时试件跨中沿截面高度的应变均呈线性分布，基本符合平截面假定。

对于健康梁和部分替换型类型梁试件跨中沿截面高度的应变均呈线性分布，基本符合平截面假定。

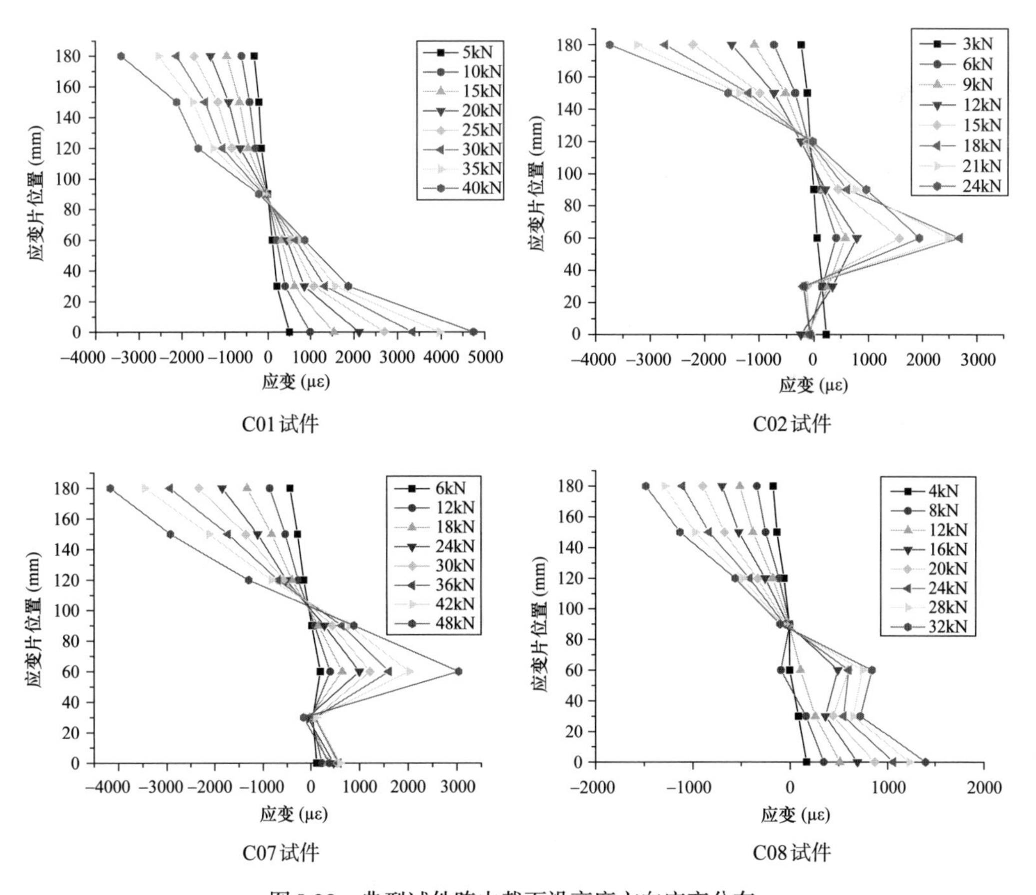

图5-28　典型试件跨中截面沿高度方向应变分布

5.3 CFRP板隐蔽式加固古建筑足尺旧木梁抗弯试验

足尺旧木梁试验为模拟三架梁和五架梁的受力特征，采用三点弯和四点弯形式。试件设计如图5-29所示。试验中通过先将木梁弯曲折断，而后在木梁底面及侧面隐蔽式嵌入CFRP板进行加固，在养护7天后再次进行抗弯试验，如图5-30所示。

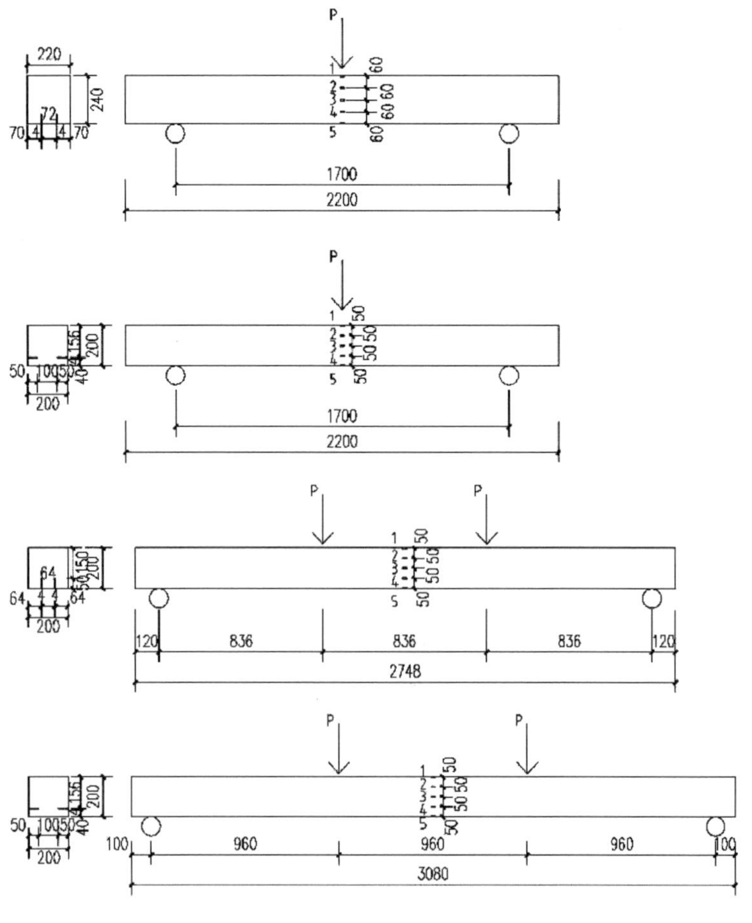

图5-29 足尺旧木梁试件

图5-30　足尺旧木梁抗弯加固试验

试验结果见表5-7，加固后的旧木梁（三架梁和五架梁）极限抗弯荷载与抗弯刚度得到明显恢复，见图5-31。

表5-7　旧木梁试验结果

试件编号	加固类型	极限荷载（kN）	抗弯刚度（$kN \cdot m^2$）
旧三架梁1号	未加固	125.57	224.24
旧三架梁1号	底面加固	131.69	231.80
旧三架梁2号	未加固	101.98	216.77
旧三架梁2号	侧面加固	115.25	165.02
旧五架梁1号	未加固	45.68	93.33
旧五架梁1号	底面加固	48.64	61.18
旧五架梁2号	未加固	80.49	256.21
旧五架梁2号	侧面加固	81.27	220.99

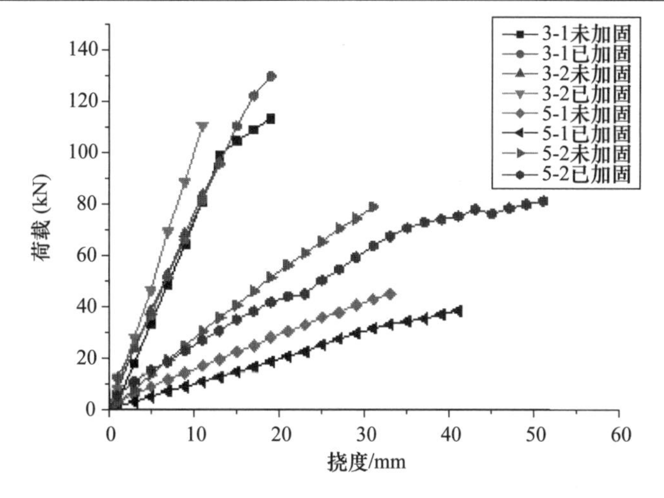

图5-31　足尺旧木梁试件的荷载-挠度曲线

5.4 本章小结

通过缩尺残损木梁（模拟梁端部分替换类型）试验可知：

（1）CFRP板隐蔽式加固古建筑缩尺榫卯拼接木梁抗弯试验中，CFRP板隐蔽式加固拼接梁试件的抗弯承载力大幅提高，可达完好木梁的85.8%～103.8%；刚度达到完好木梁的89.86%～134.78%，加固效果显著。榫卯节点加钢销的拼接梁试件，加固效果优于加木销及不加销的试件。未加固拼接梁试件均出现榫卯接缝处粘结界面拉断的受弯破坏；CFRP板加固拼接梁试件均出现榫卯接缝处粘结界面拉断的受弯破坏和接缝附近梁截面1/2～1/3高度处，木材的顺纹剪切破坏。因此在实际加固工程中，应采取技术措施加强榫卯处的抗剪强度，如局部钉入金属抗剪钉处理。

（2）未加固拼接梁基本符合平截面假定。榫卯处于剪弯段的加固梁也基本符合平截面假定，但榫卯处于纯弯段的加固梁与平截面假定存在一定差距。CFRP板隐蔽式加固拼接梁的初始弯曲刚度均大于完好梁及未加固拼接梁；当荷载一定时，加固拼接梁受压边缘压应变和受拉边缘拉应变均明显小于完好梁及未加固拼接梁。

通过足尺残损木梁（模拟梁端部分替换及跨中截面削弱类型）试验可知：

（3）试验中松、杨、杉木健康梁C01、C09、C12的破坏类型为木材弯曲受拉破坏；模拟残损梁C02、C10、C13的破坏类型为局部沿水平向或斜向木纤维的撕裂破坏；隐蔽式加固梁中：C03、C05、C07、C08的破坏类型为CFRP板与胶及木材与胶的界面破坏；C04、C06、C11、C14的破坏类型亦为局部沿水平向或斜向木纤维的撕裂破坏。其中C04、C05试件，由于CFRP板粘结长度不足，致板自木材中脱出。而该现象在加固长度为3240 mm的试件均未出现，因此，从木材、碳板胶及CFRP板三者协同工作性能来看，必须保证加固梁具有足够的粘结锚固长度。

（4）模拟残损木梁相比，加固木梁的极限荷载提高27.8%～107.3%，加固木梁的抗弯刚度提高48.1%～145.8%。通过CFRP板隐蔽式加固方法，可以显著提高木梁的极限荷载及抗弯刚度，最优加固梁的抗弯力学性能可达到甚至超过健康木梁。

（5）在加固位置与CFRP板长度相同的情况下，增加CFRP板数量即加固量可明显提高梁的极限荷载。在加固位置与CFRP板数量相同的情况下，增加CFRP板长度至与梁跨度等长，既可明显提高梁的极限荷载，又因充分的锚固长度确保粘接界面的可靠及良好的协同工作性能。在加固量和CFRP板长度相同的情况下，通过在侧面嵌板可更好抑制梁底边缘处木纤维断裂所造成的破坏，从而提高极限荷载。在具体的加固工程中，应结合古建木梁自身的价值特点，以最大限度保护价值信息为前提，选择合理的加固位置、长度及数量。

（6）对于跨中截面削弱型的模拟残损梁和加固梁试件，在嵌补木块与木梁主体粘结面失效前，两者可以协同工作，此时试件跨中沿截面高度的应变均呈线性分布，基本符合平截面假定。对于健康梁和部分替换型类型梁试件跨中沿截面高度的应变均呈线性分布，基本符合平截面假定。

通过足尺旧木梁（模拟跨中截面承载力丧失类型）试验可知：

（7）加固后的旧木梁（三架梁和五架梁）极限抗弯荷载与抗弯刚度得到明显恢复。

第6章　FRP板隐蔽式加固古建筑木梁理论分析与数值模拟

6.1　FRP板隐蔽式加固古建筑木梁抗弯性能的理论分析

6.1.1　基本假定及加固木梁受弯破坏类型分析

推导木梁弯矩的计算模型时，依参考文献[100, 101]作如下的基本假定：

（1）木梁受弯后，截面应变分布仍然符合平截面假定；

（2）木材的材质均匀，无节疤、虫洞、裂缝等缺陷；

（3）木材在拉、压、弯等状态下的弹性模量相同；

（4）木材本构关系模型采用双折线模型[102]，木材受拉时表现为线弹性，受压时表现为理想弹塑性，其本构关系如图6-1所示；其中木材的最大极限压应变为其屈服压应变的3.3倍，其方程为式（6-1）。

$$\begin{cases} \sigma_t = E_w \varepsilon_t & (0 \leqslant \varepsilon_t \leqslant \varepsilon_{tu}) \\ \sigma_c = E_w \varepsilon_c & (0 \leqslant \varepsilon_c \leqslant \varepsilon_{cy}) \\ \sigma_c = E_w \varepsilon_{cy} = f_{cu} & (\varepsilon_{cy} \leqslant \varepsilon_c \leqslant 3.3\varepsilon_{cy}) \end{cases} \tag{6-1}$$

其中：

σ_t为木材受拉区弯曲正应力（MPa）；

σ_c为木材受压区弯曲正应力（MPa）；

ε_{cu}为木材受压极限应变；

ε_{cy}为木材受压屈服应变；

ε_{tu}为木材受拉极限应变；

E_w为木材的受拉和受压弹性模量（MPa）；

f_{cu}为木材的极限抗压强度（MPa）；

f_{tu}为木材的极限抗拉强度（MPa）；

（5）碳纤维板采用线弹性应力-应变关系；

（6）达到受弯承载力极限状态之前，FRP板与木材、碳板胶之间的粘接牢固可靠，不发生滑移，始终保持变形协调。

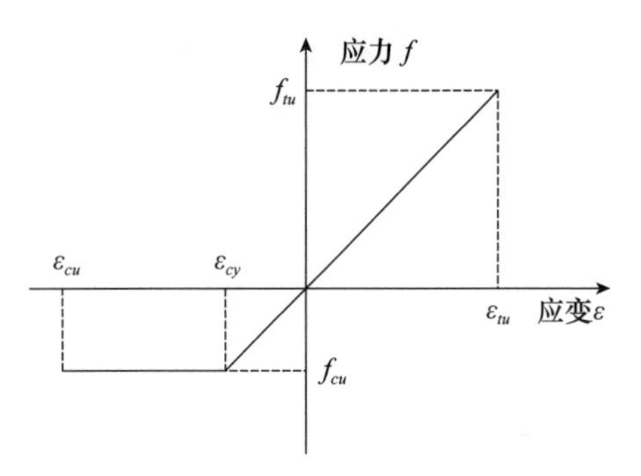

图6-1　木材本构关系模型

结合以上理论分析，以缩尺木梁A01～A54试件为例，对于未加固试件，其受弯破坏形式有两类：一类为受弯后顶部木纤维压溃破坏，另一类为受弯后底部木纤维拉断破坏。通过分析两类破坏的临界状态，破坏形式主要与木材的受拉、压极限应变的比值相关。设木材屈服压应变和极限拉应变的比为m，即$m=\varepsilon_{cy}/\varepsilon_{tu}$，又由木材的最大极限压应变为其屈服压应变的3.3倍，当$m>1$时，木材受压区没有进入塑形状态，此时试件必然发生底部受拉破坏。当木材受压区进入塑性状态，则存在受拉及受压均达到极限应变这一临界状态，如图6-2。

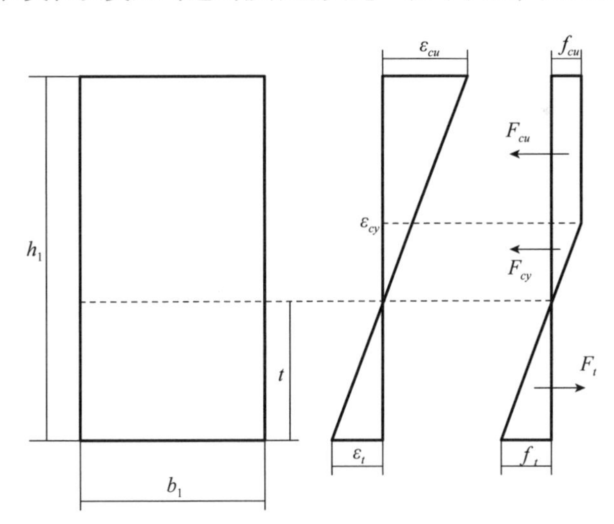

图6-2　未加固梁截面受弯临界状态应力分布

图中：

h_1为木梁截面高度（mm）；

b_1为木梁截面宽度（mm）；

t为受拉区高度（mm）；

F_{cy}为木梁截面弹性受压区的压力（N）；

F_{cu}为木梁截面塑性受压区的压力（N）；

b_t为木梁截面受拉区的拉力（N）；

F_t为木梁截面受拉区的拉力（N）；

由截面的力平衡条件可得：

$$F_{cu}+F_{cy}=F_t \tag{6-2}$$

$$f_{cu}\left[h_1-(1+m)t\right]b_1+\frac{1}{2}f_{cu}mtb_1=\frac{1}{2}f_{tu}tb_1 \tag{6-3}$$

$$t=\frac{2m}{(m+1)^2}h_1 \tag{6-4}$$

依平截面假定，可得到极限状态的临界受拉区高度t

$$t=\frac{h_1}{3.3m+1} \tag{6-5}$$

将两式联立得

$$\frac{2mh}{(m+1)^2}=\frac{h}{1+3.3m} \tag{6-6}$$

求得临界状态下$m=0.422$，即当木材屈服压应变和极限拉应变之比m大于0.422时木梁将出现受弯后受拉区木纤维的拉断破坏，当两者之比m小于0.422时将出现受弯后受压区木纤维的压溃破坏。结合清材试件材性试验结果所得试验用落叶松、小叶杨和杉木的m值分别为0.7、0.78和0.77，均大于0.422，故未加固试件受弯破坏形式均为底部木纤维拉断破坏，理论分析与试验现象较吻合。

将m值代入式（6-5）计算得临界状态时落叶松试件受拉区高度为27.2 mm，小叶杨试件受拉区高度为25.2 mm，杉木试件受拉区高度为25.4 mm。

同理，对于缩尺加固木梁（图6-3）根据截面上力平衡条件可得：

$$F_{cu}+F_{cy}=F_{FRP}+F_t \tag{6-7}$$

$$f_{cu}\left[h_1-(1+m)t\right]b_1+\frac{1}{2}f_{cu}mtb_1=\frac{1}{2}f_{tu}tb_1-E_w\varepsilon_{FRP}h_2b_2+\sigma_{FRP}A_{FRP} \tag{6-8}$$

再由

$$\varepsilon_{FRP}=\frac{2t-h_2}{2t}\varepsilon_{tu} \tag{6-9}$$

可得：

$$t=\frac{mh_1b_1+b_2h_2-nA_{FRP}+\sqrt{(nA_{FRP}-b_2h_2-mh_1b_1)^2-(m+1)^2b_1(h_2^2b_2-nA_{FRP}h_2)}}{(m+1)^2b_1} \tag{6-10}$$

其中n为FRP板弹模与木材弹模之比，b_2、h_2为FRP板截面宽度、高度。

将式（6-10）同式（6-5）联立，并依试验数据可求得加固试件的受拉区高度如表6-1。比较受拉区高度与临界高度亦证明缩尺木梁试件的破坏类型均为受弯底部受拉破坏。此外，对加固试件嵌入FRP板面积进行计算，当配板率不小于2.8%时，才会出现受弯后试件顶部的木纤维压溃破坏。

表6-1 缩尺试件受拉区高度

试件编号	受拉区高度（mm）	试件编号	受拉区高度（mm）
A01	43.5	A28	40.2
A02	44.5	A29	43.9
A03	42.1	A30	42.0
A04	39.3	A31	43.2
A05	40.1	A32	41.2
A06	40.9	A33	43.1
A07	42.0	A34	41.3
A08	45.1	A35	43.7
A09	43.9	A36	41.2
A10	37.5	A37	46.2
A11	44.2	A38	48.6
A12	40.6	A39	44.9
A13	35.8	A40	40.1
A14	44.3	A41	38.4
A15	36.0	A42	38.4
A16	47.1	A43	36.8
A17	45.6	A44	43.5
A18	48.0	A45	39.6
A19	42.6	A46	40.4
A20	41.5	A47	43.0
A21	40.5	A48	42.4
A22	38.3	A49	41.2
A23	40.8	A50	41.7
A24	39.2	A51	42.2
A25	42.5	A52	49.7
A26	42.9	A53	42.2
A27	32.1	A54	44.6

6.1.2 木梁弯矩的计算模型

针对上节所述缩尺试件破坏类型，建立木梁试件弯矩的理论计算模型。此外，由于古建筑大木构件材料强度与材性试验中清材标准试件强度有很大差别，古建筑大木构件受到木材缺陷（如节疤、裂缝）、尺寸大小及长期荷载作用等因素的影响。因此大木构件材料力学性能相对于材性试验获取的材料力学性能应进行适当折减。依相关文献[103]并综合以上因素，本计算模型中对缩尺梁试件：落叶松和杉木顺纹抗压强度折算系数为0.8，小叶杨顺纹抗压强度折算系数为0.85；落叶松顺纹抗拉强度折算系数为0.4，杉木顺纹抗拉强度折算系数为0.55，杨木顺纹抗拉强度折算系数为0.65。对足尺梁试件：落叶松顺纹抗压强度折算系数为0.5，顺纹抗拉强度折算系数为0.3；小叶杨顺纹抗压强度折算系数为0.6，顺纹抗拉强度折算系数为0.5；杉木顺纹抗压强度折算系数为0.5，顺纹抗拉强度折算系数为0.7。

对于未加固试件，依力的平衡状态可知，因试件m值处于$0.422<m<1$，木材部分受压区部分进入塑性状态，此时对中性轴取矩可得：

$$M_c=F_{cu}\left[mt+\frac{1}{2}(h_1-t-mt)\right]+\frac{1}{2}F_{cy}mt+\frac{2}{3}F_t t \tag{6-11}$$

化简后为

$$M_c=\frac{3-m}{1+m}f_{cu}\times\frac{1}{6}b_1h_1^2 \tag{6-12}$$

对于加固试件，其截面应力分布如图6-3：

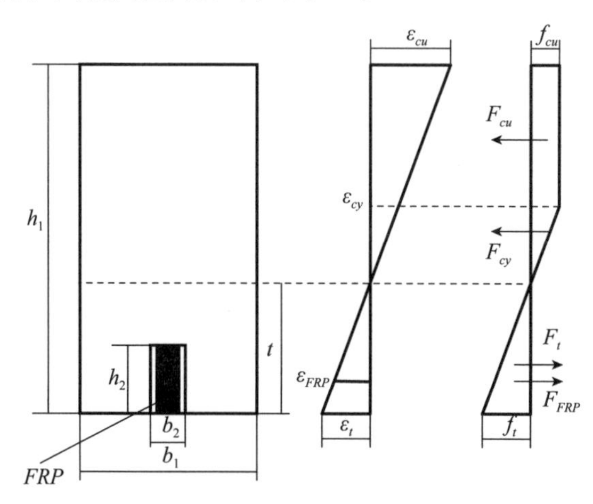

图6-3 加固梁截面受弯临界状态应力分布

通过式（6-10）得出加固试件受拉区高度t，再对中性轴取矩，可得加固试件截面的极限弯矩为：

$$M_c = F_{cu}\frac{h_1 - t + mt}{2} + \frac{2}{3}F_{cy}mt + \frac{2}{3}F_t t + F_{FRP}\left(t - \frac{h_2}{2}\right) \quad (6\text{-}13)$$

化简后为：

$$M_c = f_{cu}\left[\frac{t^2 b_1}{3m} + \frac{(2t - h_2)^2}{4mt}(nA_{FRP} - b_2 h_2) + \frac{(h_1 - t)^2}{2}b_1 - \frac{m^2 t^2}{6}b_1\right] \quad (6\text{-}14)$$

依式（6-15）可求得试验弯矩值M_e，其中P为试验测得木梁试件的极限荷载，a为试验中加载点至支座点的水平距离。

$$M_e = \frac{P}{2}a \quad (6\text{-}15)$$

以缩尺试件A01～A54为例，通过式（6-14）及（6-15）可得其弯矩的计算值M_c与试验值M_e，见表6-2。

表6-2　缩尺试件弯矩计算值与试验值的比较

试件编号	M_e（MPa）	M_c（MPa）	M_c/M_e
A01	5.49	4.35	0.79
A02	5.3	4.35	0.82
A03	4.26	4.98	1.17
A04	3.77	4.98	1.32
A05	5.03	4.98	0.99
A06	4.60	4.98	1.08
A07	5.93	4.98	0.84
A08	5.54	4.98	0.90
A09	4.91	4.77	0.97
A10	5.13	4.77	0.93
A11	6.34	5.01	0.79
A12	6.26	5.01	0.80
A13	5.93	4.94	0.83
A14	5.54	4.94	0.89
A15	6.84	5.49	0.80
A16	6.86	5.49	0.80
A17	4.97	4.7	0.95
A18	5.09	4.7	0.92

续表

试件编号	M_e（MPa）	M_c（MPa）	M_c/M_e
A19	5.76	4.59	0.80
A20	5.78	4.59	0.80
A21	6.29	5.51	0.88
A22	6.20	5.51	0.89
A23	4.79	4.66	0.97
A24	5.30	4.66	0.88
A25	6.15	5.27	0.86
A26	6.50	5.27	0.81
A27	3.06	4.98	1.63
A28	3.66	4.98	1.36
A29	4.28	4.98	1.16
A30	4.71	4.98	1.06
A31	5.57	4.98	0.89
A32	5.87	4.98	0.85
A33	3.79	4.37	1.15
A34	3.57	4.37	1.22
A35	4.36	4.37	1.00
A36	4.07	4.37	1.07
A37	4.79	4.37	0.91
A38	4.99	4.37	0.88
A39	3.72	3.13	0.84
A40	3.65	3.13	0.86
A41	2.84	4.23	1.49
A42	2.99	4.23	1.41
A43	5.14	4.23	0.82
A44	4.71	4.23	0.90
A45	5.50	4.23	0.77
A46	5.53	4.23	0.76
A47	3.24	2.98	0.92
A48	3.39	2.98	0.88
A49	3.05	3.84	1.26
A50	3.29	3.84	1.17
A51	3.39	3.84	1.13

续表

试件编号	M_e（MPa）	M_c（MPa）	M_c/M_e
A52	3.98	3.84	0.96
A53	4.11	3.84	0.93
A54	4.05	3.84	0.95

由上表可见，对于落叶松、小叶杨及杉木缩尺试件，绝大部分加固试件的理论计算值与试验值比值的范围在0.80～1.20之间，理论计算值和试验值较接近，验证了计算模型的准确性。而比值偏差较大的加固试件主要集中在粘结长度300 mm的情况，由于该工况下加固效果不佳，故从整体上看，不影响该计算模型应用于加固工程中的价值。

同时，结合足尺完好及残损加固试件受弯拉断破坏的特征，对其中完好梁C01、C09、C12，加固梁C03、C06、C07、C11、C14的理论计算值与试验值进行验算，对于完好木梁取其受弯极限状态，对于加固木梁取其跨中部位嵌补新材粘结界面失效的临界状态，计算结果见表6-3。除杉木加固梁C14因施工缺陷导致过早破坏外，其余试件的理论计算值和试验值的比值范围均在0.80～1.20之间，进一步验证了该计算模型的适用性。

表6-3　足尺试件弯矩计算值与试验值的比较

试件编号	M_e（MPa）	M_c（MPa）	M_c/M_e
C01	26.2	23.8	0.91
C03	14.4	13.7	0.95
C06	15.8	15.0	0.95
C07	20.7	17.8	0.86
C09	22.2	18.8	0.85
C11	20.4	24.5	1.20
C12	25.3	20.2	0.80
C14	14.6	25.2	1.73

6.1.3　木梁挠度变形加固的计算模型

由于木材的粘弹性行为，古建筑梁、枋等受弯构件受到有效截面高度削弱、木材材性退化及原始截面偏小等因素影响易出现挠曲变形的状况，一方面即使是轻度挠曲也可能影响美观，造成构件表面彩画、雕刻等价值信息的受损，另一方面若任其扩大最终将导致构件破坏，威胁结构安全。因此在古建筑预防性保护工作中，常通过监测受弯构件挠度值的变化来判定其受力状态，从而确定相应的干预方案。如当日常巡查中发现梁、枋等受弯构件出现弯垂但尚未达到残损临界值时，通过采用FRP板隐蔽式加固技术对其进行原位补强，提高抗弯承载力、抑制挠度发展，以最小干预的方式实现对构件的保护。综上所述，本节针对导致构件弯垂变形的三种因素：木材材性退化、有效截面高度削弱及构件原始截面偏小的情况，通过建立构件挠度值与FRP板加固量间的计算模型，并以算例进行验证，实现挠曲构件的定量化加固，以期为修缮加固实践提供参考。

6.1.3.1 材质退化类型

对于完好木梁跨中截面惯性矩I_t：

$$I_t=\frac{1}{12}b_1h_1^3 \tag{6-16}$$

完好纯木梁跨中挠度δ_t：

$$\delta_t=P\frac{\left(\frac{1}{12}a^3-\frac{1}{16}al^2\right)}{EI_t} \tag{6-17}$$

设荷载P不变，木材弹模E从E_0下降$0.8E_0$时，挠度增大，通过对木梁CFRP板隐蔽式加固以提高木梁的刚度值，故此加固木梁跨中截面的惯性矩I_c应提升至

$$I_c=\frac{E_0I_t}{0.8E_0} \tag{6-18}$$

此时，加固木梁的跨中截面受压区高度y_c为：

$$y_c=h_1-t \tag{6-19}$$

加固木梁跨中截面惯性矩I_c：

$$\begin{aligned}I_c=&\frac{1}{12}b_1(h_1-h_2)^3+b_1(h_1-h_2)\left(\frac{1}{2}h_1-\frac{1}{2}h_2-y_c\right)^2+\\&\frac{1}{12}(b_1+(n-1)b_2)h_2^3+((n-1)b_2h_2+b_1h_2)\left(h_1-\frac{1}{2}h_2-y_c\right)^2\end{aligned} \tag{6-20}$$

其中，n为CFRP板与木材的弹模之比，将式（6-18）和（6-20）联立即可求得CFRP板的加固高度h_2。

以缩尺加固梁中底嵌2块CFRP板为例：木材弹模E=14000 MPa，CFRP板

与木材的弹模比n=11.43，2块CFRP板的厚度合计为b_2=4 mm，计算求得每块CFRP板的高度h_2=13.23 mm。

6.1.3.2　截面削弱类型

根据式（6-17）并假设挠度相应增加值可得：

$$\frac{\delta_t}{\delta_{tc}}=\frac{EI_{tc}}{EI_t} \tag{6-21}$$

由截面削弱后试件跨中截面惯性矩：

$$I_{tc}=\frac{1}{12}b_1(h_1-h_3)^3 \tag{6-22}$$

可求出损失部分截面高度h_3；

通过隐蔽式加固来进行补强，如图6-4所示，欲使加固后的木梁刚度达到健康材水平，即

$$EI_c=EI_t$$

由式（6-19）可得加固后相应的惯性矩为：

$$\begin{aligned}I_c=&\frac{1}{12}b_1(h_1-h_2)^3+b_1(h_1-h_2)\left(\frac{1}{2}h_1-\frac{1}{2}h_2-y_c\right)^2+\\&\frac{1}{12}(b_1+(n-1)b_2)(h_2-h_3)^3+((n-1)b_2(h_2-h_3)+b_1(h_2-h_3))\\&\left(h_1-\frac{1}{2}h_2-\frac{1}{2}h_3-y_c\right)^2+\frac{1}{12}nb_2h_3^{\,3}+nb_2h_3\left(h_1-\frac{1}{2}h_3-y_c\right)^2\end{aligned} \tag{6-23}$$

即可求CFRP板加固高度h_2；

以缩尺加固梁中底嵌2块CFRP板为例：取δ_t=3.0 mm，$\delta_{tc}=l/200$=4.5 mm，E=14000 MPa，n=11.43，2块CFRP板的厚度合计为b_2=4 mm，计算求得每块CFRP板的高度h_2=12.26 mm。

对于原构件尺寸偏小类型，CFRP板的加固高度h_2求解方法同截面削弱类型。

此外，考虑木材蠕变的影响，在实际修缮加固时，可将理论计算值扩大一倍作为实际加固量。

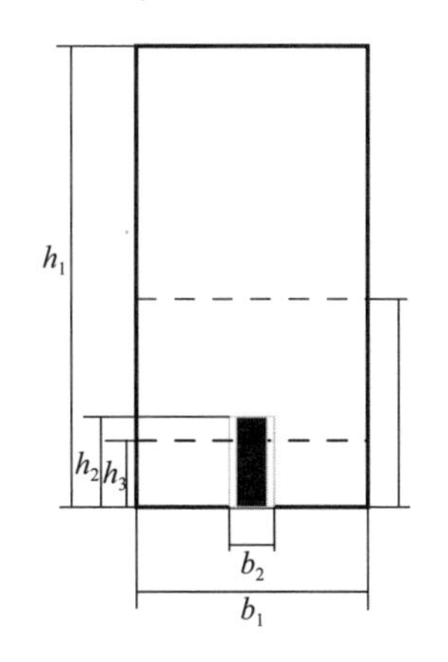

图6-4　加固梁截面尺寸关系

6.2 FRP板隐蔽式加固古建筑榫卯拼接木梁抗弯性能的数值模拟

由于古建筑榫卯拼接木梁节点连接处界面受力状况复杂，难以通过理论推导分析其关系，因此应用有限元方法对拼接加固梁进行数值仿真模拟，并对影响加固效果主要因素的敏感度加以分析。

6.2.1 数值仿真理论基础

6.2.1.1 弹性本构方程

由木材遵守胡克定律，其应力-应变关系如式（6-24）所示

$$\begin{bmatrix} \varepsilon_x \\ \varepsilon_y \\ \varepsilon_z \\ \gamma_{yz} \\ \gamma_{xz} \\ \gamma_{xy} \end{bmatrix} = \begin{bmatrix} a_{11} & a_{12} & a_{13} & a_{14} & a_{15} & a_{16} \\ a_{21} & a_{22} & a_{23} & a_{24} & a_{25} & a_{26} \\ a_{31} & a_{32} & a_{33} & a_{34} & a_{35} & a_{36} \\ a_{41} & a_{42} & a_{43} & a_{44} & a_{45} & a_{46} \\ a_{51} & a_{52} & a_{53} & a_{54} & a_{55} & a_{56} \\ a_{61} & a_{62} & a_{63} & a_{64} & a_{65} & a_{66} \end{bmatrix} \begin{bmatrix} \sigma_x \\ \sigma_y \\ \sigma_z \\ \sigma_{yz} \\ \sigma_{xz} \\ \sigma_{xy} \end{bmatrix} \tag{6-24}$$

根据木材弹性和正交各向异性材料性质，上述矩阵变为式（6-25）

$$\begin{bmatrix} \varepsilon_x \\ \varepsilon_y \\ \varepsilon_z \\ \gamma_{yz} \\ \gamma_{xz} \\ \gamma_{xy} \end{bmatrix} = \begin{bmatrix} a_{11} & a_{12} & a_{13} & 0 & 0 & 0 \\ a_{21} & a_{22} & a_{23} & 0 & 0 & 0 \\ a_{31} & a_{32} & a_{33} & 0 & 0 & 0 \\ 0 & 0 & 0 & a_{44} & 0 & 0 \\ 0 & 0 & 0 & 0 & a_{55} & 0 \\ 0 & 0 & 0 & 0 & 0 & a_{66} \end{bmatrix} \begin{bmatrix} \sigma_x \\ \sigma_y \\ \sigma_z \\ \sigma_{yz} \\ \sigma_{xz} \\ \sigma_{xy} \end{bmatrix} \tag{6-25}$$

式中

$$\begin{bmatrix} a_{11} & a_{12} & a_{13} \\ a_{21} & a_{22} & a_{23} \\ a_{31} & a_{32} & a_{33} \end{bmatrix} = \begin{bmatrix} 1/E_L & -\mu_{RL}/E_R & -\mu_{TL}/E_T \\ -\mu_{LR}/E_L & 1/E_R & -\mu_{TR}/E_T \\ -\mu_{LT}/E_L & -\mu_{RL}/E_R & 1/E_T \end{bmatrix}$$

$$\begin{bmatrix} a_{44} & a_{55} & a_{66} \end{bmatrix} = \begin{bmatrix} 1/G_{RT} & 1/G_{TL} & 1/G_{LR} \end{bmatrix}$$

根据对称性有

$$\mu_{ij}/E_i=\mu_{ji}/E_j \text{其中}，i,j=L,R,T \tag{6-26}$$

由复合材料力学的理论可知，正交各项异性材料的弹性常数应满足公式（6-27）

$$\mu_{il}<(E_i/E_j)^{\frac{1}{2}} \tag{6-27}$$

式中：E_i（E_j）表示3个主轴方向的拉压弹性模量，μ_{il}表示6个泊松比，G_{ij}表示剪切弹性模量。

6.2.1.2 强度准则

因Hill强度准则[104]中未考虑材料拉、压强度不等的特点，Norris由正交各向异性材料推导得出用于材料三个相互垂直应力平面的Norris强度准则[105]。Yamada和Sun将Norris强度准则简化到三个相互垂直的正应力轴上，认为正交各向异性材料的强度在三个正应力轴方向上相互独立，且仅由该向正应力和两个相应剪应力所确定，即Yamada-Sun强度准则[106]。Yamada-Sun强度准则考虑了多个应力分量的组合作用而计算精度高，且能区别材料的破坏模式，因此本文选用其作为木材的强度准则。如式（6-28）所示。

$$\begin{aligned}
&X\text{向}：\frac{\sigma_{12}^2}{X^2}+\frac{\sigma_{12}^2}{S_{XY}^2}+\frac{\sigma_{12}^2}{S_{ZX}^2}\leqslant 1\\
&Y\text{向}：\frac{\sigma_{33}^2}{Z^2}+\frac{\sigma_{31}^2}{S_{ZX}^2}+\frac{\sigma_{23}^2}{S_{YZ}^2}\leqslant 1\\
&Z\text{向}：\frac{\sigma_{33}^2}{Z^2}+\frac{\sigma_{31}^2}{S_{ZX}^2}+\frac{\sigma_{23}^2}{S_{YZ}^2}\leqslant 1
\end{aligned} \tag{6-28}$$

式中：X、Y、Z分别为三个正应力轴方向（顺纹纵向、横纹径向、切向）的抗拉或抗压强度值，当应力σ_{11}、σ_{22}、σ_{33}为拉或压应力时，分别选用相应的抗拉或抗压强度；S_{il}为i-j平面内的抗剪强度。

6.2.1.3 蒙特卡洛仿真模型

蒙特卡洛模拟法是通过随机变量的统计试验或随机模拟，求解数学、物理和工程技术问题近似解的数值方法，因此也称为统计试验法或随机模拟法[107, 108]。

蒙特卡洛法从同一母体中抽出简单子样来做抽样试验。通过蒙特卡洛模型进行木梁的数值模拟，可得到木梁结构各随机变量参数对于构件刚度的敏感度值。

敏感度分析是使模型的变量在某特定范围内变动，以观察模型行为或变化情形的一种分析方式[109]。在进行敏感度分析时，用蒙特卡洛方法可以确定复杂随机变量的概率分布和数字特征；可以通过随机模拟估计各影响因子对整体结构刚度的敏感度；也可以模拟随机过程、寻求系统最优参数等[110]。它是通过随机抽样对组成仿真模型的每一个随机性变量进行试验以获取变量变化趋势[111]。

蒙特卡洛虚拟仿真试验过程：

（1）对重要的变量建立一个概率分布；

（2）对上述的每一个变量建立起累计概率分布；

（3）为每一个变量建立随机数区间；

（4）生成随机数；

（5）进行一系列的虚拟仿真试验；

（6）根据数据，判断该次仿真结果是否成功，记录成功次数及所有虚拟仿真试验次数，然后计算出敏感度。

本文选择蒙特卡洛模拟法求解古建筑榫卯拼接加固木梁中主要影响因素的敏感度。

6.2.2 有限元仿真

6.2.2.1 几何建模

应用PRO/E对试验模型进行参数化建模，拼接加固木梁的CAD三维模型如图6-5所示。建模时设计了梁截面几何尺寸（宋式建筑梁截面高宽比为3∶2，清式梁截面高宽比为1∶1），FRP板加固位置（底面与侧面）以及FRP板截面尺寸（厚度与宽度）等变化因素。

6.2.2.2 划分网格

应用Hypermesh对导入木梁的几何模型进行网格划分并通过TCL语言进行参数化，如图6-6所示。

图6-5　拼接木梁模型

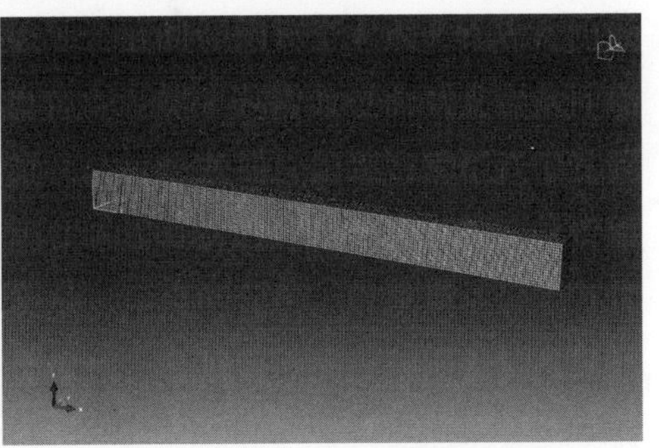

图6-6　划分模型网格

6.2.2.3　材性输入

通过试验测得相应材性数据并输入，其中：木材E_L为14060MPa，E_R为1045MPa，E_T为755MPa，G_{RL}为1135MPa，G_{TL}为1073MPa，G_{RT}为292MPa，μ_{RL}为0.07，μ_{RT}为0.47，μ_{LR}为0.35，μ_{LT}为0.46，μ_{TR}为0.36，μ_{TL}为0.04；国产CFRP板泊松比为0.28；瑞士Sika 30CN碳板胶泊松比为0.29。

6.2.2.4　边界条件

通过对拼接木梁与CFRP板的单元进行胶粘结处理，模拟真实试件工况，在试验支撑位置约束试件相应的位移和旋转自由度，并在试验加载位置对试件添加相应的载荷。设置步长进行计算，得到所有节点的应力和应变，并提取其Mises应力的最大值。

6.2.2.5　强度计算结果

根据上述计算条件，得到基于不同影响因素的拼接加固木梁等效应力云图。依计算结果，梁截面高宽比为1：1（清式建筑构件）的加固梁较高宽比为3：2（宋式建筑构件）的加固梁抗弯强度提高效果更为明显，见图6-7、图6-8。

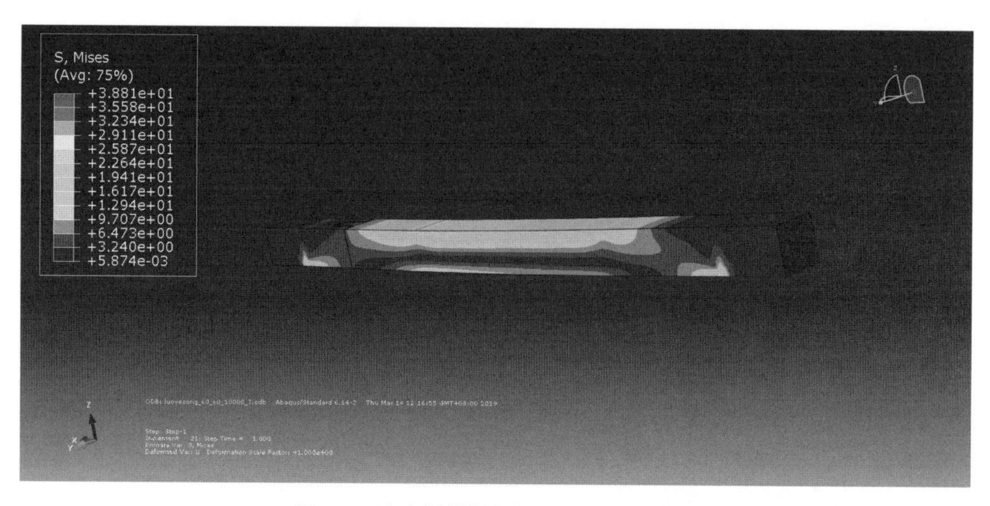

图6-7　清式拼接加固梁Mises应力云图

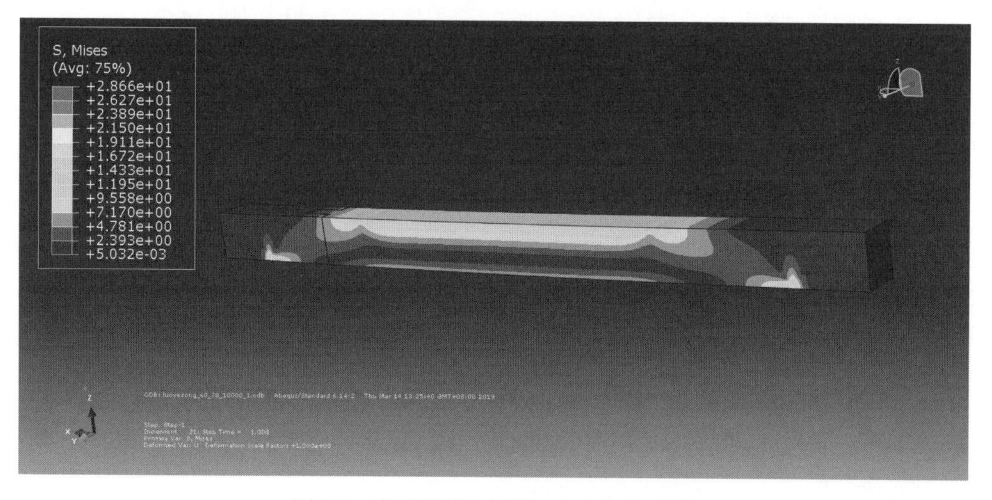

图6-8　宋式拼接加固梁Mises应力云图

对于拼接加固木梁，底嵌FRP板较侧嵌FRP板加固效果更优，见图6-9、图6-10。

对于拼接加固木梁，当底嵌FRP板宽度与梁截面高度之比为1/3时加固效果最优，见图6-11。

6.2.3　影响加固因素的敏感度分析

根据试验设计法（DOE）可求得参数与输出响应量的关系，本文采用正交试

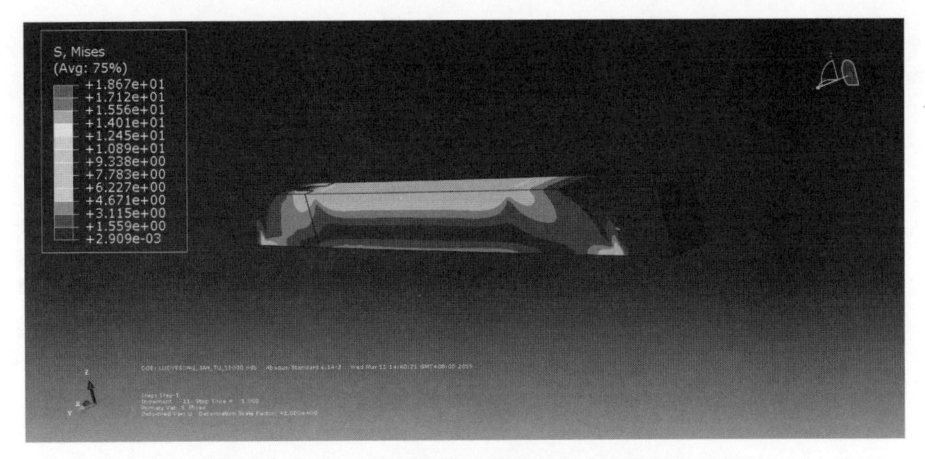

图6-9　底嵌FRP板拼接加固梁Mises应力云图

图6-10　侧嵌FRP板拼接加固梁Mises应力云图

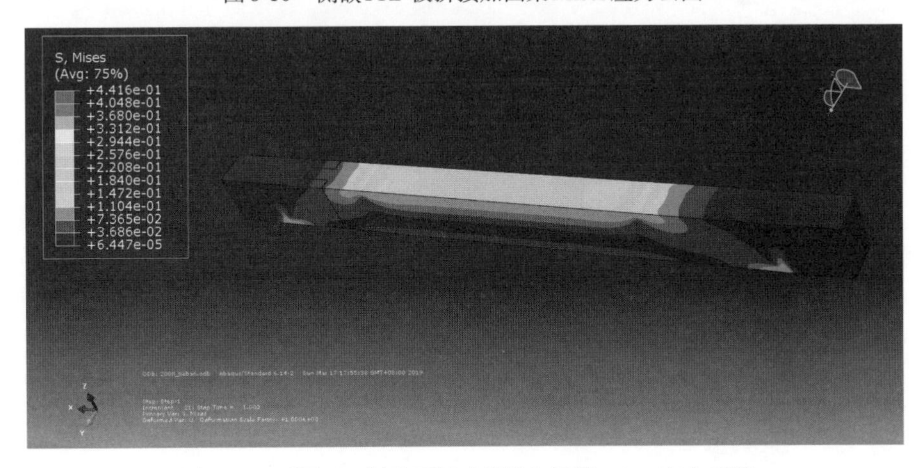

图6-11　不同FRP板截面尺寸拼接加固梁Mises应力云图

验算法[112, 113]，对拼接加固木梁的CFRP板尺寸参数进行分析，评估各参数对强度的影响力大小，继而进行敏感度分析。

正交试验设计的基本步骤如下所示：

（1）明确试验目的，确定考核指标。试验分析的输出参数，在本次正交试验中，考核目标为强度。

（2）挑因素，选水平。因素是指需要对其分析的输入参数，水平是输入参数选取的数值。在本次正交试验中，因素选择的参数是内嵌CFRP板的宽度和高度，每个参数选取8个水平数。

（3）选择合适的正交表。选择正交表时首先要求表中水平个数与被考察的水平个数完全一致，其次要求正交表的纵列数不小于被考察因素的个数。

（4）用正交表安排试验。按因素水平表中的代号，采用对号入座的办法，将数据填入所选出的正交表中，便得到试验计划表。

正交试验设计完成后通过DOE分析，应用ISIGHT软件，将试验设计参数通过参数化建模、网格划分和有限元分析相结合，最终形成完整分析流程，如图6-12所示。

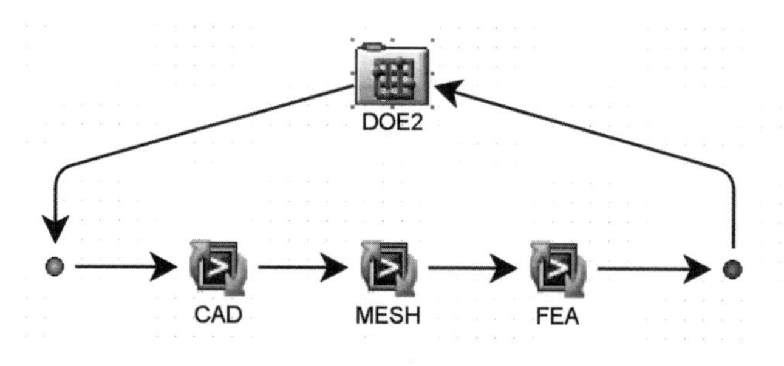

图6-12 敏感度分析流程

一般地，敏感度以参数对目标的重要度来表征。以最大应力（Mises应力）为目标，获得各参数对加固木梁构件静强度的敏感度结果。如图6-13所示，以不同FRP板截面尺寸拼接加固梁为例，A1为CFRP板厚度，B1为CFRP板宽度，影响因素中CFRP板宽度对结构静强度的影响较CFRP板厚度更强。

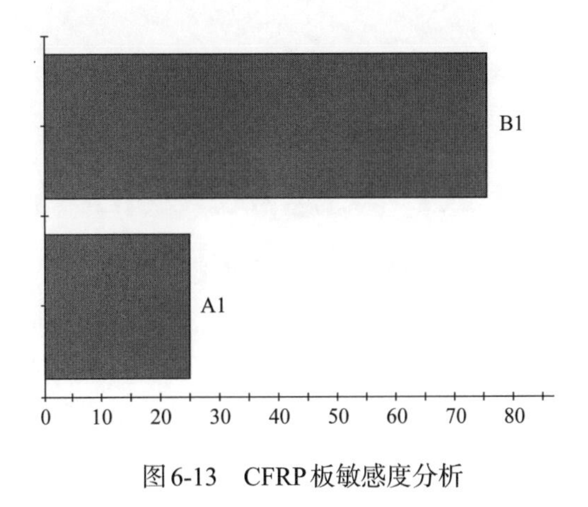

图6-13　CFRP板敏感度分析

6.3　本章小结

（1）通过计算、比较木梁受拉区高度与临界高度，证明缩尺木梁试件的破坏类型均为受弯底部受拉破坏。

（2）通过理论分析推导，归纳出加固木梁受弯破坏模式下承载力的计算模型，将计算值与试验值进行比较发现，计算结果与试验结果吻合较好，故该模型可用于指导加固实践。

（3）针对导致木梁构件弯垂变形的三种因素：木材材性退化、有效截面高度削弱及构件原始截面偏小的情况，通过建立构件挠度值与FRP板加固量间的计算模型，并以算例进行验证，实现挠曲构件的定量化加固，为修缮加固实践提供参考。

（4）通过数值模拟，分析了CFRP板宽度及厚度对榫卯拼接加固梁的影响力，CFRP板宽度的影响力大于厚度的影响力。

第7章　FRP板隐蔽式加固古建筑木梁工法研究

如前文所述，基于最小干预原则及预防性保护思想的FRP板隐蔽式加固古建筑木梁（枋、檩）的技术方法，主要包括“检测、加固、监测”三个工程环节。即先通过无损检测手段获取木梁构件的材料力学性能及内部缺陷信息，继而对木构件的安全性进行判定，对安全性不符合相关标准要求的，则采用FRP板隐蔽式加固的方法进行定量化加固，将承载力不足部分补强。最后通过一系列监测技术手段对已加固木梁构件进行周期性监测和评估，如发现隐患则可及时干预并排除。

7.1　古建筑木梁构件材料力学性能及内部缺陷的无损检测

该环节的具体工作程序为：收集分析古建筑原始资料，包括图纸资料、建筑物历史、以往修缮资料，并进行现场踏查。同时对古建筑现状进行现场检测，包括：建筑测绘、变形测量、树种鉴定、材料力学性能测试、残损检测等。针对建筑测绘和变形测量除应用传统技术方法外，还可以采用三维激光扫描技术，通过对扫描生成的点云模型进行量取分析，从而精确判定木梁构件的挠度值。树种鉴定则是采集木梁构件的材料样本，通过实验室方法鉴定制作构件所用的木材树种。

材料力学性能的无损检测是：在待测构件上设置5个测区，测区位置选择在木梁构件产生拉应力最大的部位，即梁底跨中附近。首先，运用微钻阻力仪进行检测，确保阻力钻头方向应垂直于被测木构件表面。测定木构件实木部分钻入深度20～40 mm之间的阻力值，并求出阻力平均值。其次，运用应力波仪进行检测，确保仪器的两个探针沿被测木构件长度方向插入其表层，探针与试件长度方向夹角为30°～45°，并记录两探针插入点的间距。用小锤敲击发射极探针，第一次敲击的传播时间读数无效，从第二次开始，连续敲击测定三次所得传播时间读数（单位：μs）的平均值作为测定结果，根据两探针间距和应力波传播时间计算出应力波传播速度（m/s）。再次，运用含水率仪测定被测部位的含水率。最后，将测得的相应数据代入木材材料力学性能的计算模型求出顺纹抗压强度、抗弯强度及抗弯弹性模量等。如判定的力学强度等级高于GB 50005所规定的同种木材的强度等级时，取GB 50005所规定的强度等级作为最终判定等级。

木梁构件内部缺陷的无损检测则是：首先，运用目测敲击耳听的传统方法对构件进行筛查，初步确定若干个待测断面的位置。其次，应用应力波仪对断面进行检测，记录断面的尺寸，同时在检测断面均匀布置一定数量的传感器，并将距离数据录入到应力波仪控制软件中，确保每个传感器之间连接畅通，之后逐个敲击传感器震动销，使控制软件获取各位置点之间应力波传播时间，并根据距离换算为传播速度，每个传感器敲击3次，继而生成木构件内部缺陷图，根据颜色变化可对图像内各区域是否存在缺陷进行判断。最后，根据应力波判定的内部缺陷、残损位置，应用微钻阻力仪进行若干条路径的修正，从而最终判定内部缺陷的类型、量化缺陷面积的大小（图7-1）。

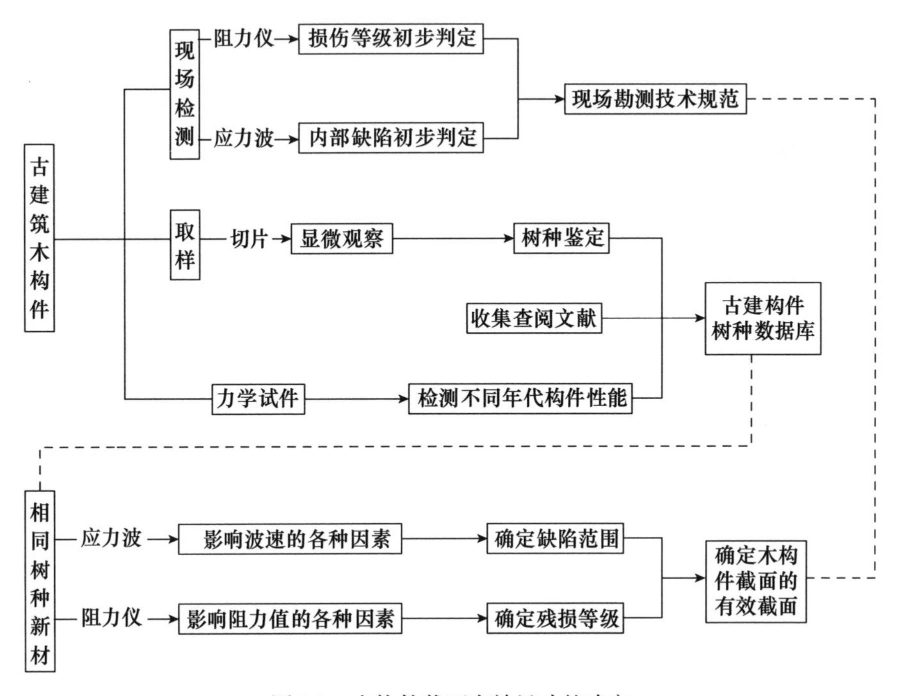

图7-1 木构件截面有效尺寸的确定

7.2 古建筑木梁构件的安全性判定及价值判定

该环节的具体工作程序为：通过对调查和检测验算的数据资料进行全面分析，从价值和受力两方面，判定木梁构件的安全性，并提出相应的处理技术方法建议。价值方面主要是判定在内部或外部各种因素作用下，价值信息能否完整而真实的保存（图7-2）。如：木梁构件的缺陷程度超出相应要求或超出允许承载（超过允许应力20%以上）以及剩余承载力明显不足，同时木梁构件表面又携有大量价值信息时，即可考虑应用FRP板隐蔽式加固技术对木梁构件进行补强。

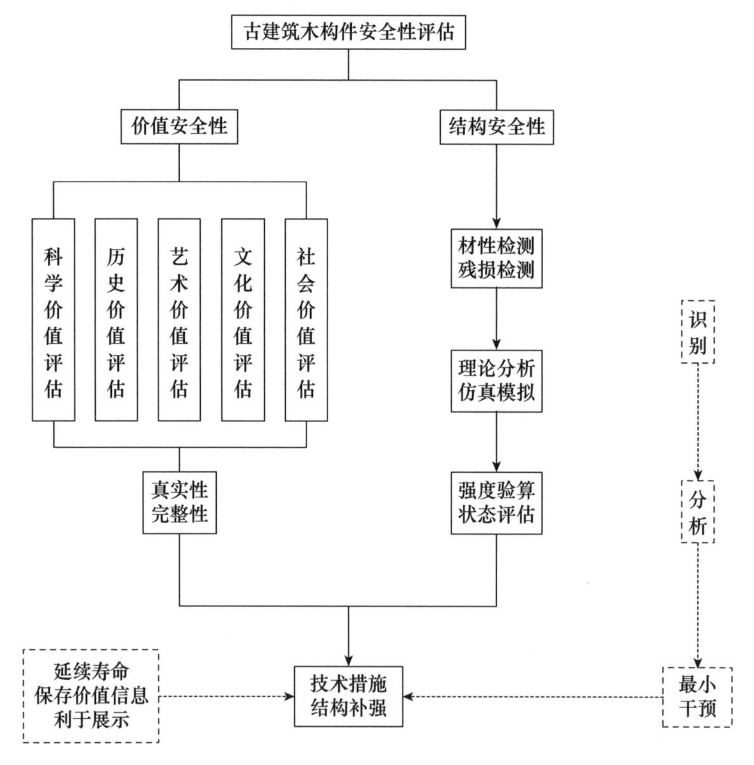

图7-2　古建筑木结构构件安全性评估框架

7.3 应用FRP板隐蔽式加固木构件的施工及验收要求

当木梁构件确定采用FRP板隐蔽式加固时，应进行充分的计算及技术论证，确定最优的加固量和加固位置，并编制完整的施工方案、画出施工图纸。经文物部门和相关管理单位认可后方可施工。

7.3.1　加固施工的一般规定

1）采用粘结FRP板隐蔽式加固木构件，应由熟悉该技术施工工艺的专业施工队伍承担，并应有加固施工技术方案和安全措施；

2）施工须按照下列工序进行：

（1）施工准备；

（2）木构件表面处理；

（3）配置并涂刷碳板胶；

（4）粘贴FRP板；

（5）表面防护。

7.3.2　加固的施工准备

1）应认真阅读加固方案设计施工图；

2）应根据施工现场和施工加固木构件的实际情况，拟定施工方案和施工计划；

3）应对所使用的FRP板、碳板胶、机具等做好施工前的准备工作；宜准备的主要手工工具包括：墨斗、钢尺、曲尺、大锯、中长刨、翘头刨、边刨、斧头、锤、寸凿、七分凿、绳索、刮板、胶枪、注射针筒等；主要电动工具包括：电动手提刨、电动锯、磨光机、空压机等；主要测量工具包括：水准仪、经纬仪、铅锤、激光投线仪等。

4）选用碳板胶应满足国标A级胶要求，FRP板材料等级应满足国标一级要求。FRP板及碳板胶在使用前，应在业主、监理的监督下进行随机抽样检查，通过国家相关部门的检测，并提供相应试验报告；

5）施工时应考虑环境温、湿度对碳板胶固化的不利影响，宜在环境温度为5℃以上的条件下进行，当温度低于5℃时，采用低温固化型的碳板胶或采取加温措施。严禁在施工现场向碳板胶中掺入挥发性有害溶剂和非反应性稀释剂；

6）碳板胶配置时，应按照说明书中规定的配合比称重并置于容器中。用搅拌器搅拌至色泽均匀。搅拌容器内及搅拌器上不得有油污和杂质。应根据现场实际温度确定碳板胶的拌合量，并按要求严格控制使用时间。具体搅拌要求以瑞士Sikadur-30CN型碳板胶为例：搅拌时间为（400～600 rpm）配备金属混合搅拌头搅拌机先混合Part A＋Part B共3分钟，直到材料呈均一的灰色，搅拌过程中避免夹带入空气，为确保充分混合，应使用刮刀将桶边缘及桶底部的材料仔细刮下后，再低速搅拌约1分钟，需注意控制好一次搅拌材料的量，以单人操作30分钟的用胶量为宜。在拌制碳板胶时，尽可能处于保持良好通风的环境；

7）搭设局部支撑架及操作架：支撑架及操作架可采用钢管脚手架、门式脚手架或工具式脚手架；脚手架搭设前应编写结构局部支撑及操作架方案，方案内容应包括概况、进度、材料计划、搭设参数、工艺流程、安全文明施工并附架体的计算书；脚手架应在外侧挂设安全网；脚手架应沿大木构件纵向搭设，且宜与大木构件保持40～70 cm间距，确保足够的施工操作面；脚手架不得与大木构件本体进行连接，应单独设置抛撑以稳定脚手架。对木梁进行加固时，在梁下端搭设支撑架，若受损位置在梁与梁的相交处，对相关的梁也应搭设支撑架；支撑架顶端与木结构接触处采用软性材料隔离，避免损坏木构件完好部分表面的油饰彩画及木雕等；支撑架搭设完毕后，应由施工单位技术负责人组织进行验收，验收合格方可使用。

7.3.3 木梁构件的表面处理

1）进行木构件表面处理前，应按照加固方案设计图纸进行放线定位；开槽部位应结合力学计算及价值评估结果确定，优先选择沿梁底面开槽，如梁底有题记等重要价值信息时，则选择在梁侧面开槽；

2）为确保可靠的粘结性能，开槽长度不应小于梁跨距的2/3，准确长度应以计算结果为准；基于最小干预原则，开槽宽度一般为FRP板厚度加1 mm；

3）用切割机开槽，开槽应开至梁枋端头。切割时应确保木槽通直、宽窄一致，槽内阴角方正垂直，开槽宽度及深度应符合设计要求；开槽后应配合气枪清除加固木梁构件表面及槽中的浮土、灰尘、木屑、毛刺等杂物，并保持干燥；

4）依照规范要求，对可能会影响加固的木构件局部裂缝进行灌注或封闭处理。

7.3.4　粘贴FRP板

1）依照设计要求交厂家定制相应规格的FRP板，亦可在施工现场对FRP板进行小范围的裁剪调整；

2）依照生产厂家提供的工艺条件配制碳板胶；

3）将FRP板表面用无水乙醇擦拭干净，对于隐蔽式加固，FRP板的两面均应擦拭干净；

4）擦拭干净的FRP板应立即涂刷碳板胶，每次涂刷一遍；同时应用胶枪、针筒、刮板等将碳板胶注入槽内，随后将备好的FRP板缓慢压入槽中，仔细清除挤出的多余胶体，并压实、抹平槽表面的胶，防止局部出现空鼓气泡等问题。

7.3.5　表面防护

用塑料膜完整覆盖包裹嵌板注胶后的木构件表面，并用一定强度的束带将FRP板处牢固固定，防止其在碳板胶未完全凝固时出现滑移。且每间隔400 mm刺透塑料膜形成通气孔，保养至碳板胶固化强度达到100%。

7.3.6　施工安全和注意事项

1）FRP板，特别是CFRP板为导电材料，施工时应远离电气设备和电源，或采取可靠的防护措施[114]；

2）施工过程中应避免FRP板弯折造成材料断裂、纤维损伤；

3）碳板胶应密封储存，远离火源，避免阳光直接照射；

4）现场施工人员应采取有效的劳动保护措施。操作人员应穿工作服、戴防护口罩、乳胶手套和护目眼镜，避免皮肤暴露。

7.3.7　检查验收

1）FRP板及碳板胶进场时，应会同监理或甲方单位对产品合格证、出厂检验报告、生产日期、有效期、中文标志和包装完整性进行检查，确保材料的各项性能指标均符合有关的国家标准；

2）检查木构件表面处理。构件表面是否存在裂缝，构件表面是否平整，是否存在节疤、裂缝等情况，粘贴FRP板的部位是否存在灰土、油渍或其他的杂质；

3）施工完毕后，可采用小锤或手压FRP板表面的方法进行检查。确保总有效粘结面积不小于95%，每平方米的空鼓数量不得超过10个，当空鼓直径小于10 mm时，可采用针筒注胶的方式进行修补。当空鼓直径大于30 mm时，应将FRP板拆除，重新粘贴，施工搭接长度不小于200 mm；

4）验收时，应按照相关的国家标准对施工质量进行现场抽样检验；

5）加固工程竣工验收应提供以下施工技术资料：

（1）FRP板及碳板胶的产品合格证及相应的产品测试报告；

（2）加固材料现场复验报告；

（3）工程验收和粘结后外观质量检查记录。

6）加固验收时还应对木梁构件价值信息的保护情况进行分析评估。

7.3.8 木构件刨口的防护处理

待验收合格后，为防止紫外线对碳板胶的不良影响且不妨害木梁的外观，应在木梁构件加固刨口的外表面粘贴与原木梁颜色相同或相近的木皮或PVC材料，进行防护处理。

7.4 局部糟朽木梁的加固处理

对于局部糟朽的梁、枋构件，在应用FRP板隐蔽式加固前，应对糟朽部分进行剔补、拼接处理后再进行补强。剔补时应注意新旧木材结合部位的受力情况，尤其是修补部位尺寸较大时，应采用榫卯及销钉连接，不能只采用碳板胶粘接。

7.5 弯垂木梁的加固处理

对于挠度未达规范规定的临界值的，可将其上部凹陷部位用同种新木料粘补平整，将下部凸起部位刨平后应用FRP板隐蔽式加固。对于挠度过大的梁、枋，如构件上没有严重糟朽或劈裂等现象，且卸载后可以回弹到允许弯垂范围，可以应用FRP板隐蔽式加固技术做适当补强处理。

若卸载后弯垂变形不能恢复，为防止进一步变形和发生断裂，如落架处理，亦可采用FRP板隐蔽式加固技术补强弯垂梁、枋构件。

7.6　檩条的加固处理

对于檩条的处理应首先从构造方面分清是清官式建筑中“檩、垫、枋”三件套的做法，还是只有檩、枋，或者仅为单檩构造。对于“檩、垫、枋”及只有檩、枋的组合类型，结合具体受力及变形的情况，优先选择在最底层的枋构件上应用FRP板隐蔽式加固技术进行补强[115, 116]。

7.7　古建筑木梁、枋构件加固后的监测

对于已加固的木梁、枋构件，应采用仪器设备等技术手段对其变形、变化进行长期、连续的安全监测，监测结果也同时作为评价加固效果的重要依据[117, 118]。此外，在设计、安装监测设备时也应遵守文物保护的相关原则。监测项目具体可包括应力应变监测、变形（挠度）监测、环境及构件温湿度等[119]。其中：应力应变监测可以通过应力应变计直接测量，具体可选用具备温度补偿功能的电阻应变计、振弦式应变计或光纤光栅式应变计等监测元件。主要布置于木梁的跨中位置、新旧木材拼接处以及FRP板隐蔽加固部位的周边等。变形（挠度）监测可通过设立若干处固定的监测基准点，应用全站仪或三维激光扫描仪对木梁构件的挠度变形情况进行定期观测[120, 121]。也可采用在木构件表面安装挠度计的方式直接测定挠度值。温湿度监测主要针对环境和构件温度的监测及环境湿度的监测，宜选择监测范围大、精度高、线性化及稳定性好的传感器。其监测频次宜与构件应力应变监测和变形监测保持一致。通过汇总处理及分析长期监测的数据，提出阶段性的监测报告，预测其发展趋势。同时结合加固结果，对监测对象提出相应的限值要求和不同危急程度的预警值，并对不同预警值制定相应的技术干预措施。

7.8 CFRP板隐蔽式加固古建筑木梁案例研究

为验证实验室研究阶段相关成果运用于真实工况中的可行性，通过搭建完整的足尺清式古建筑木结构模型，系统开展CFRP板隐蔽式原位加固工法和加固后性能评价研究。

7.8.1 研究思路与主要内容

7.8.1.1 加固工法实施技术路线

完整的加固流程涵盖加固前、中、后三个阶段：

（1）加固前包括现场勘查、检测流程，结构计算，编制施工方案、施工图。

（2）加固中包括施工工序：施工准备（手工工具、电动工具、测量工具，搭设支撑架及操作架）；木构件处理（放线、开槽、清理）；涂（灌）碳板胶（工艺）；粘贴碳纤维板（材料处理、质量控制要点）；养护（材料、工艺）等。施工安全与管理（人员安全防护、材料管理）。构件创口处理。

（3）加固后质量验收和监测等。

7.8.1.2 加固后性能验证技术路线

经理论计算确定加载值，通过在屋面叠放沙袋、逐级加载，记录过程中加固梁及未加固梁的荷载值、跨中位移及应变值，对比分析上述数据，评价并验证加固效果，如图7-3所示。

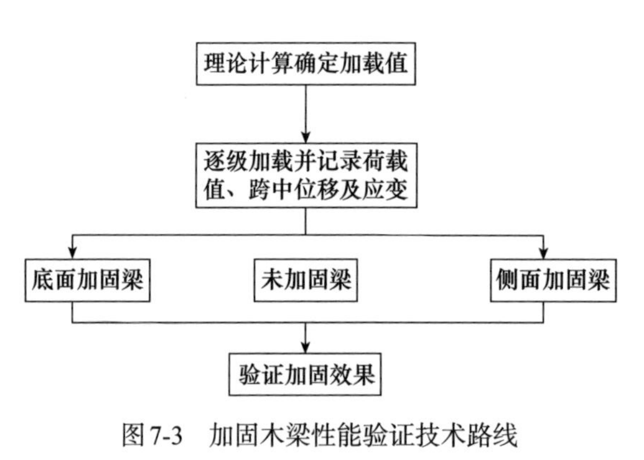

图7-3 加固木梁性能验证技术路线

7.8.2 制作安装足尺模型

依据设计图纸将预制好的足尺木构件运输至实验场地，并安装施工，如图7-4所示。

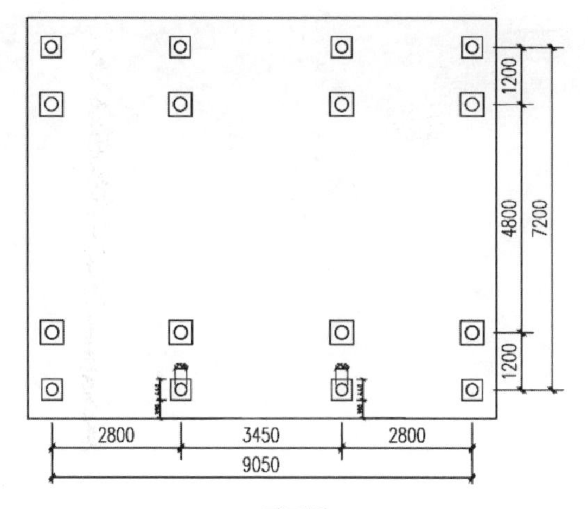

平面图

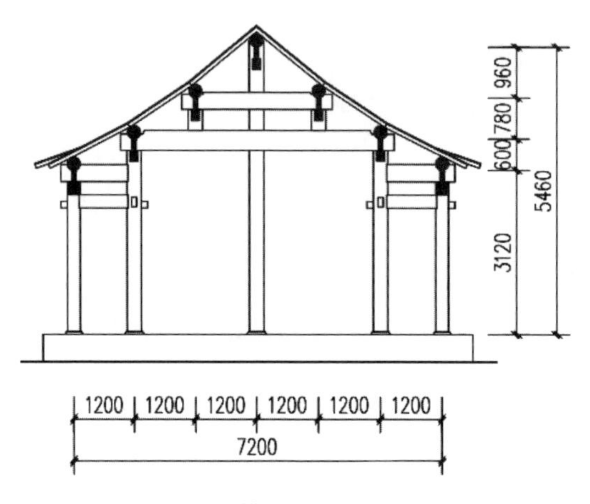

横向剖面图

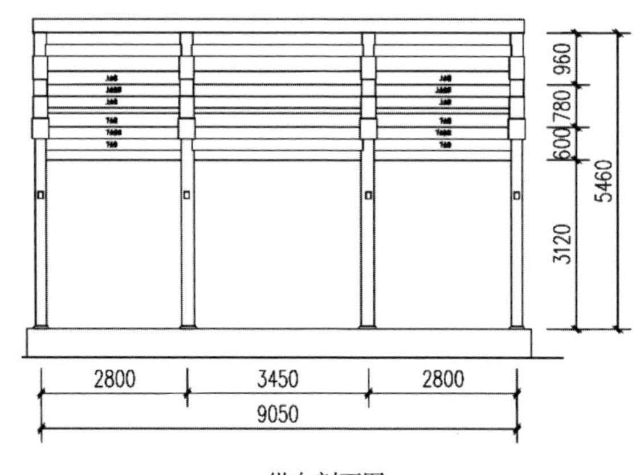

纵向剖面图

图7-4　模型制作及安装施工过程

7.8.3　加固工法实施

实施环节的主要内容包括：

（1）研发专用悬挂式可移动开槽设备。

（2）开槽：

1）应用项目组自行研发的专用悬挂式可移动开槽设备对木梁进行原位开槽。

2）将木槽内浮灰清理干净。

（3）注胶：

1）用牛皮纸将木槽开口处做包裹保护处理。

2）将碳板胶A\B组分按3：1搅拌均匀。

3）将胶灌入专用注射器内。

4）沿板长方向将胶注入槽内。

5）将槽内的胶涂抹均匀。

（4）嵌板：将碳纤维板同步嵌入木槽内。

（5）木槽封护：

1）将木条嵌入木槽内。

2）用专用绑带对嵌板、封条部分进行固定。

（6）清理表面：用布将木梁表面擦拭清理。

同时，对加固中施工人员数量建议为：开槽环节不少于2人，注胶、嵌板、封护固定环节不少于4人，表面清理环节不少于2人。

7.8.3.1　研发专用悬挂式可移动开槽设备

针对传统设备、工艺较难满足木梁原位开槽的需求，团队研发了专用悬挂式可移动开槽设备，设备主要包括固定装置、可调导轨、圆盘锯及固定支架等。经安装调试、测试，该设备可满足在梁底面及侧面原位开槽的要求，如图7-5所示。

图7-5　专用悬挂式可移动开槽设备

7.8.3.2 开槽

通过匀速推动圆盘锯固定支架实现原位开槽，结合电钻对木槽端部进行修整，并用高压气枪清理木槽内外的浮灰及木屑。开槽的尺寸为5毫米宽、110毫米深（高），如图7-6所示。

图7-6 木梁开槽

7.8.3.3 注胶

（1）研发专用注胶器

既有的铝合金胶枪容量较大、胶体较多且易凝固，难以满足槽内注胶的需求。团队研发了容量为100毫升的专用注胶器，配合硬塑料长注胶头使用。经测试，可满足在梁底面及侧面原位注胶的要求。

（2）木槽周边防护

裁切若干条宽度为60毫米的牛皮纸，折叠出宽度为10毫米的纸边，纸边插入木槽内，并用胶带牢固固定，以防胶体溢出，污染木梁表面。

（3）拌制碳板胶

严格按照碳板胶使用说明，称重、配比碳板胶A\B组分并搅拌均匀，并灌入到专用注胶器中。

（4）注胶

2至3名施工人员使用专用注胶器分段将胶注入木槽中，注胶时长宜控制在20分钟内（图7-7）。

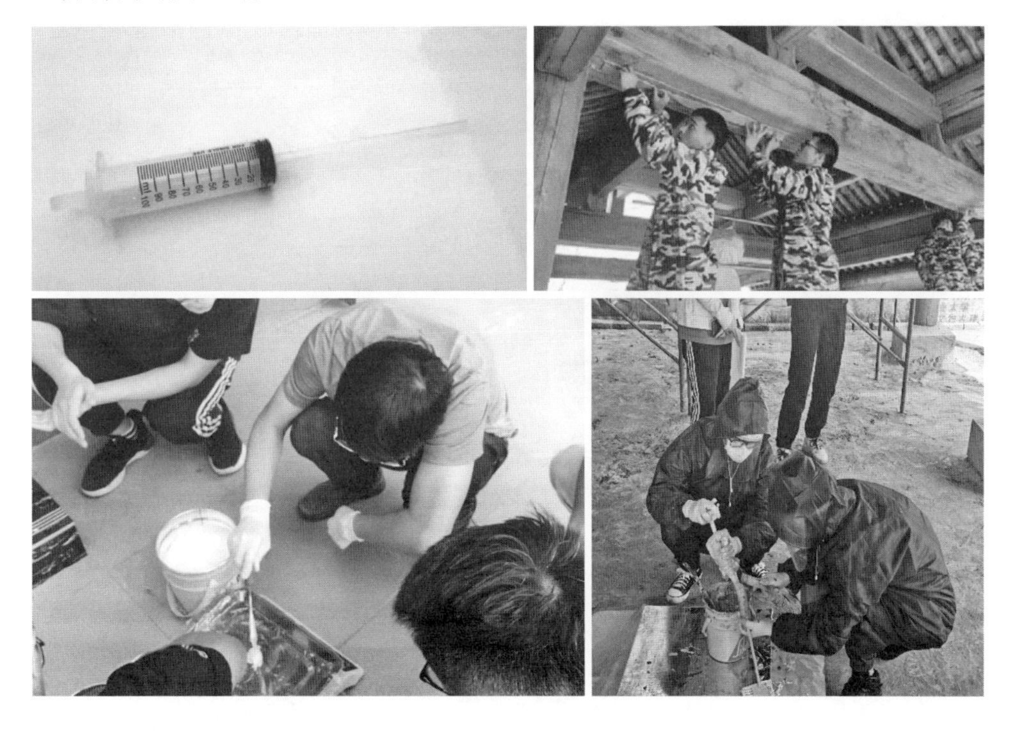

图7-7 注胶

（5）检测

使用专用测板对木槽内胶的匀度进行检测，确保均匀饱满，并对不达标处及时补胶。

7.8.3.4 嵌板

由施工人员将碳纤维板同步推入槽内。碳纤维板表面应清洁干净（图7-8）。

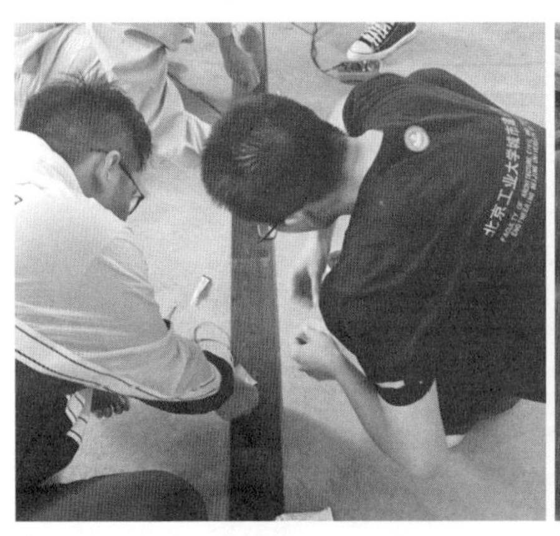

图7-8 嵌板

7.8.3.5 木槽封护

将裁切好的封护木条（宽度为5毫米，厚度为10毫米）嵌入木槽表面。随即用专用绑带固定牢固，绑带间隔为800毫米。

7.8.3.6　表面清理

最后，将木梁表面污物等清理干净（图7-9）。

图7-9　木槽封护及表面清理

7.8.4　加固后性能评价

7.8.4.1　试验准备及实施过程

（1）布设相应测点，以获取加载过程中的位移、应变值。

（2）准备配重沙袋，每袋沙袋重25kg。

（3）在足尺模型屋面叠放沙袋、逐级加载，每次加载量为1125kg（45袋25kg重沙袋），共计加载20次，加载总重为22500kg（图7-10）。

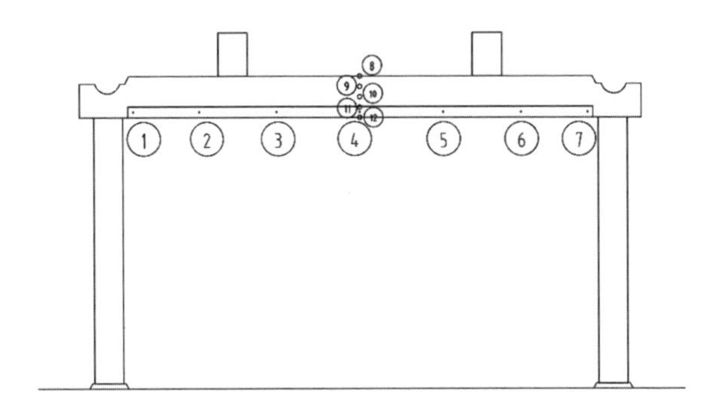

图7-10 试验准备及实施

7.8.4.2 试验数据分析

通过对比分析实验室及足尺模型验证试验数据，可知：

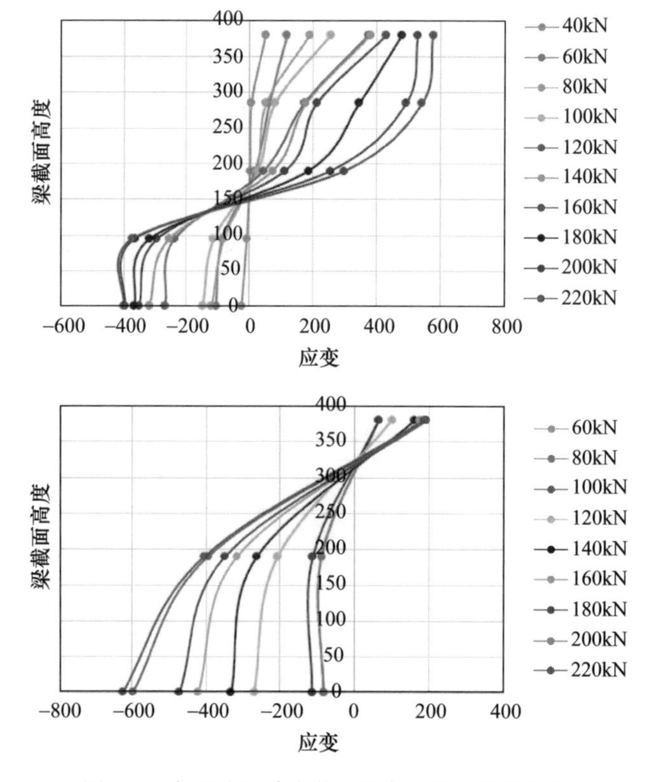

图7-11 加固木梁跨中截面沿高度方向应变分布

由图7-11，加固木梁跨中截面沿高度方向应变分布基本符合平截面假定。

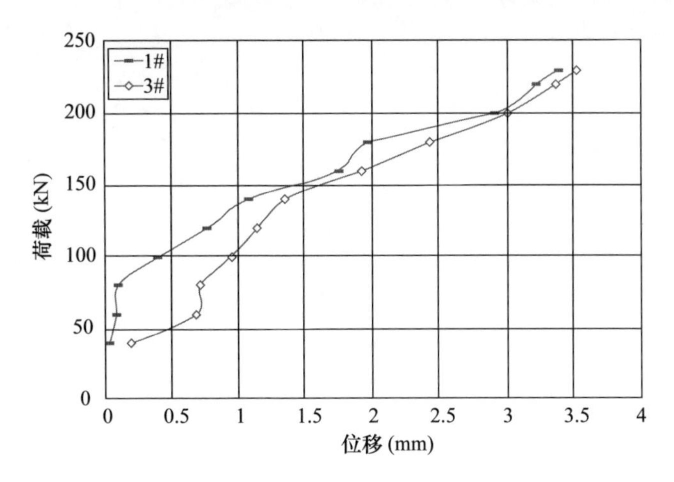

图7-12　加固木梁（1#）与未加固木梁（3#）荷载-跨中位移曲线比较

由图7-12，比较加固木梁与未加固木梁荷载-跨中位移曲线，经碳纤维板隐蔽式加固，可明显减小梁跨中的位移量。

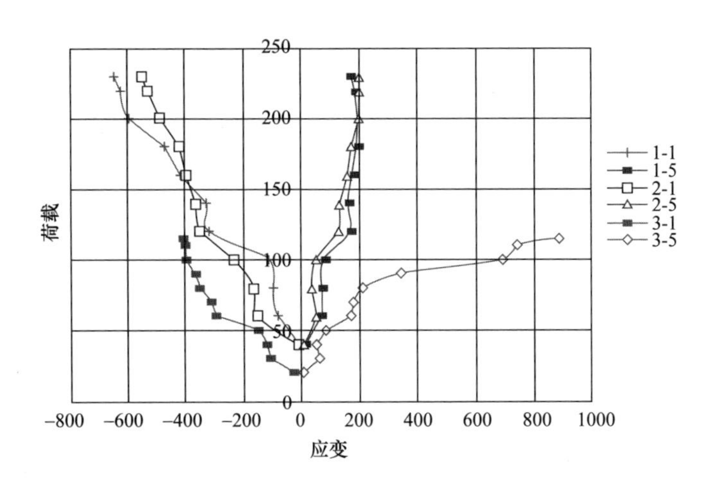

图7-13　加固木梁（1#、2#）与未加固木梁（3#）跨中截面边缘应变比较

由图7-13，比较加固木梁（1#、2#）与未加固木梁（3#）跨中截面边缘应变，经碳纤维板隐蔽式加固，可明显减小梁上、下表面的压、拉应变值。

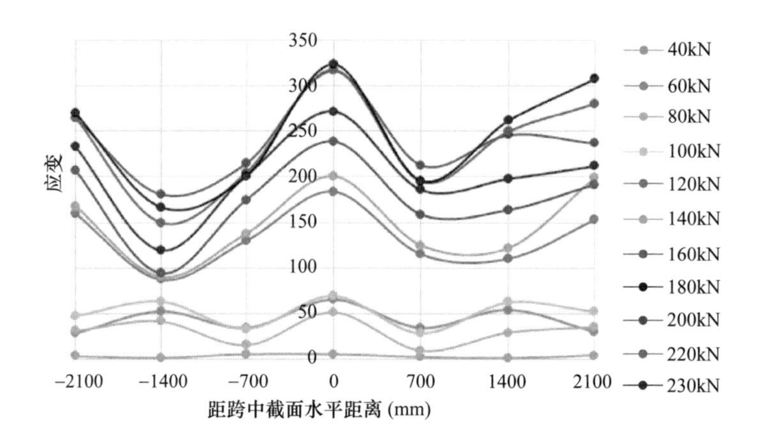

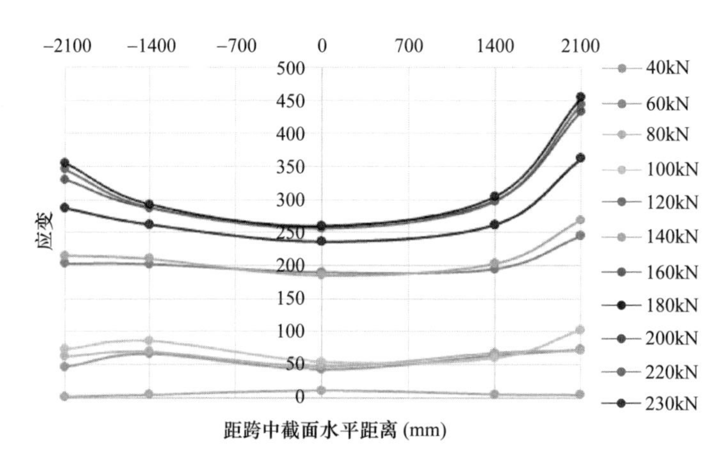

图7-14 加固木梁内嵌碳纤维板沿梁长方向应变分布

由图7-14，分析加固木梁内嵌碳纤维板沿梁长方向应变分布，随着加载荷载值的不断增大，木材、碳板胶及碳纤维板三者协同工作性能良好。

综上所述，通过验证试验证明，经CFRP板隐蔽式加固可明显提高古建筑木梁的强度和刚度。

7.9 本章小结

本章主要阐述了FRP板隐蔽式加固古建筑木梁的相应工法：

（1）工法包括“检测、加固、监测”三个工程环节。即先通过价值评估和无损检测手段获取木梁构件的材料力学性能及内部缺陷信息，继而对木构件的价值安全性和结构安全性进行判定，对安全性不符合相关标准要求的，则可采用FRP板隐蔽式加固的方法进行定量化加固，将承载力不足部分补强。最后通过一系列监测技术手段对已加固木梁构件进行周期性监测和评估。工法具备较强的可操作性，可作为相关加固工程的参考、指导。

（2）阐述了古建筑木梁构件材料力学性能及内部缺陷的无损检测方法及其要点，并据此对古建筑木梁构件的安全性及价值进行判定。

（3）阐述了应用FRP板隐蔽式加固木构件的施工及验收要求，涵盖施工准备、施工过程、质量控制等环节。

（4）阐述了古建筑木梁、枋构件加固后的监测技术及主要监测指标。

（5）依托足尺古建筑木结构模型，开展加固工艺和加固后性能评价试验，证明加固方法效果显著。

第8章　结论与展望

8.1　主要研究成果

本研究的基本思路为：首先明确“修什么？”（古建筑木结构的价值和保护对象）其次是“如何修？”（遵循的原则、理念）继而系统探究“怎样修？”的适宜性技术（采用何种修缮加固技术及操作工艺流程）。本书从总结古建筑木结构的构造特点和损坏规律，归纳古建筑修缮保护观念和原则及预防性保护理念的影响出发，梳理了古建筑木结构保护及修缮加固的相关规范，分析了古建筑木结构检测及修缮加固技术的工程成果。继而根据界面粘结滑移、缩尺及足尺加固梁等一系列试验成果，应用理论分析及数值模拟方法，提出了适用于计算加固木梁极限承载力的数学模型和影响FRP板隐蔽式加固古建筑木梁抗弯性能的相关因素，并系统研究了基于最小干预原则的加固工法及操作流程。该加固技术既适用于木结构文物建筑，亦适用于同类型的历史建筑及现代建筑。

（1）通过落叶松、小叶杨及杉木的木材材性试验，获取顺纹抗拉、顺纹抗压、顺纹抗剪、抗弯强度及抗弯弹性模量等力学性能指标并总结了试验用FRP板和碳板胶的主要材性指标。

（2）通过表面嵌贴FRP板与木材的粘结锚固性能试验，木材与FRP板粘结破坏类型均为界面粘结失效破坏：FRP板与胶层粘结失效破坏和粘结面附近木材失效破坏两类。胶层与FRP板的粘结滑移破坏过程可归纳为上升段、下降段和残余段。试验加载初期FRP板加载端附近应变较大、自由端区域应变较小，且加载端区域应变增长较快，而自由端应变增长相对较慢；应变曲线呈向下凸的趋势。随着荷载逐渐增大，加载端区域应变增长逐渐趋缓，而自由端应变大幅度增加。到达峰值时，大部分试件FRP板的应变曲线呈向上凸的趋势。试件宏观和局部的粘结滑移曲线形式上较为一致。通过对试验曲线与改进的BPE模型粘结滑移曲线进行拟合，两者吻合较好，反映出改进的BPE模型能较好地描述胶层与FRP板的局部粘结滑移曲线。

（3）通过CFRP、GFRP板隐蔽式加固古建筑缩尺木梁抗弯试验，松、杨、杉木的健康试件均出现弯曲受拉破坏；三者加固试件中大部分出现弯曲受拉破坏，少部分试件出现沿截面高度处的纵向剪切破坏，个别试件为树节处造成的破坏，试验中未出现受压失效的情况。木材、碳板胶及FRP板三者协同工作性能良好。且在协同工作方面，GFRP板优于CFRP板，瑞士西卡碳板胶优于国产碳板胶。FRP板隐蔽式加固法可以显著提高松木、杨木及杉木梁的极限抗弯承载力及抗弯刚度，最优加固梁的抗弯力学性能可达到或超过健康木梁。在加固位置与CFRP板数量相同的情况下，增加嵌入CFRP板长度既可明显提高梁的抗弯力学性能，又因充分的锚固长度确保粘接界面的可靠及良好的协同工作性能。在加固位置与CFRP板数量相同的情况下，增加嵌入CFRP板宽度可明显提高梁的抗弯力学性能，当板宽为截面高度1/3时加固梁承受荷载最大。在加固位置与CFRP板数量相同的情况下，增加开槽宽度可以提高梁的抗弯力学性能，当槽宽为截面宽度1/10时效果最佳，随着槽宽继续增加抗弯力学性能反而明显下降。对于嵌板位置及数量的影响，梁底嵌入二块CFRP板的加固梁抗弯力学性能最优，梁底嵌入一块CFRP板的加固梁同梁侧各嵌一块CFRP板的加固梁抗弯力学性能相近。应用国产碳板胶的加固梁，其抗弯加固效果不及同类型的瑞士西卡碳板胶。应用GFRP板的加固梁，其抗弯加固效果不及CFRP板。应用FRP板隐蔽式加固方法，松木加固梁的抗弯力学性能提升幅度高于杨木和杉木。健康梁和加固梁跨中沿截面高度的应变均呈线性分布，基本符合平截面假定。

（4）通过CFRP板隐蔽式加固古建筑缩尺残损木梁抗弯试验，CFRP板隐蔽式加固拼接梁试件的抗弯承载力大幅提高，加固效果显著。榫卯节点加钢销的拼接梁试件，加固效果优于加木销及不加销的试件。未加固拼接梁试件均出现榫卯接缝处粘结界面拉断的受弯破坏；CFRP板加固拼接梁试件均出现榫卯接缝处粘结界面拉断的受弯破坏和接缝附近梁截面1/2～1/3高度处木材的顺纹剪切破坏。因此在实际加固工程中，应采取技术措施加强榫卯处的抗剪强度，如局部钉入金属抗剪钉处理。未加固拼接梁基本符合平截面假定。榫卯处于剪弯段的加固梁也基本符合平截面假定，但榫卯处于纯弯段的加固梁与平截面假定存在一定差距。CFRP板隐蔽式加固拼接梁的初始弯曲刚度均大于完好梁及未加固拼接梁；当荷载一定时，加固拼接梁受压边缘压应变和受拉边缘拉应变均明显小于完好梁及未加固拼接梁。

（5）通过CFRP板隐蔽式加固古建筑足尺残损木梁抗弯试验，试验中松、杨、杉木健康梁C01、C09、C12的破坏类型为木材弯曲受拉破坏；模拟残损梁C02、C10、C13的破坏类型为局部沿水平向或斜向木纤维的撕裂破坏；隐蔽式加固梁中：C03、C05、C07、C08的破坏类型为CFRP板、胶及木材与胶的界面破坏；C04、C06、C11、C14的破坏类型亦为局部沿水平向或斜向木纤维的撕裂破坏。其中C04、C05试件，由于CFRP板粘结长度不足，致板自木材中脱出。而该现象在加固长度为3240 mm的试件均未出现，因此，从木材、碳板胶及CFRP板三者协同工作性能来看，必须保证加固梁具有足够的粘结锚固长度。通过CFRP板隐蔽式加固方法，可以显著提高木梁的极限荷载及抗弯刚度，最优加固梁的抗弯力学性能可达到甚至超过健康木梁。在加固位置与CFRP板长度相同的情况下，增加CFRP板数量即加固量可明显提高梁的极限荷载。在加固位置与CFRP板数量相同的情况下，增加CFRP板长度至与梁跨度等长，既可明显提高梁的极限荷载，又因充分的锚固长度确保粘接界面的可靠及良好的协同工作性能。在加固量和CFRP板长度相同的情况下，通过在侧面嵌板可更好抑制梁底边缘处木纤维断裂所造成的破坏，从而提高极限荷载。在具体的加固工程中，应结合古建木梁自身的价值特点，以最大限度保护价值信息为前提，选择合理的加固位置、长度及数量。对于跨中截面削弱型的模拟残损梁和加固梁试件，在嵌补木块与木梁主体粘结面失效前，两者可以协同工作，此时试件跨中沿截面高度的应变均呈线性分布，基本符合平截面假定。对于健康梁和部分替换型类型梁试件跨中沿截面高度的应变均呈线性分布，基本符合平截面假定。

（6）通过理论分析推导，归纳出相应受弯破坏模式下承载力的计算模型，将计算值与试验值进行比较，发现数学模型计算结果与试验结果吻合较好。建立了基于木梁挠度变形加固的计算模型，可用于工程实践。通过数值模拟，分析了影响FRP板隐蔽式加固榫卯拼接梁的相关因素。

（7）通过研究FRP板隐蔽式加固古建筑木梁的工法，工法包括“检测、加固、监测”三个工程环节：即先通过价值评估判定其价值安全性及采用无损检测手段获取木梁构件的材料力学性能、内部缺陷信息判定其力学安全性，对安全性不符合相关标准要求的，则采用FRP板隐蔽式加固的方法进行定量化加固，将承载力不足部分补强。最后通过一系列监测技术手段对已加固木梁构件进行周期性监测和评估。工法具备较强的可操作性，可作为相关加固工程的参考、指导。通过分析古建筑木梁构件材料力学性能、内部缺陷的无损检测方法及其要点，据此对古建筑木梁构件的力学和价值安全性进行判定。提出应用FRP板隐蔽式加固木构件的施工、验收要求以及古建筑木梁构件加固后的监测技术和主要监测指标等。

8.2　未来工作展望

限于研究时长与经费所限，基于最小干预原则的古建筑木梁FRP板隐蔽式加固技术研究尚有诸多不足之处，有待继续深化研究：

（1）因研究时长所限，在古旧木材影响下和不同温湿度及紫外线作用下，关于FRP板与木材界面的粘结滑移性能，以及长期荷载和环境作用下足尺加固梁的受力特性尚需结合试验作扩展研究。

（2）由于古建筑木梁构件残损类型繁多，应用FRP板隐蔽式加固技术对其他残损病害类型木梁的加固效果以及对其他受力类型木梁，如悬挑构件（角梁、飞椽等）的加固效果尚需开展试验研究。

（3）因研究时长所限，今后尚需结合一定数量的古建筑修缮加固工程实践来丰富、完善该加固技术，力争最终形成本领域内认可的技术标准、规范等。

参考文献

［1］ 梁思成. 中国建筑史［M］. 百花文艺出版社，1998.

［2］ 马炳坚. 中国古建筑的构造特点、损毁规律及保护修缮方法（上）［J］. 古建园林技术，2006（03）：57-62.

［3］ 谷岸，苗建民，倪斌. 以故宫为例谈木结构古建筑的白蚁防治技术与策略［J］. 故宫博物院院刊，2014（01）：124-135.

［4］ 宋磊. 明十三陵文物保护现状及对策［A］，2012［C］. 中国紫禁城学会.

［5］ 马栋. 应县木塔二层残损调查与受力分析［D］. 西安建筑科技大学，2010.

［6］ 梁思成. 梁思成全集（第一卷）［M］. 中国建筑工业出版社，2001.

［7］ Ш·E·娜基亚，罗哲文. 苏联建筑纪念物的保护工作［J］. 文物参考资料，1956（09）：49-52.

［8］ 梁思成. 梁思成谈建筑［M］. 当代世界出版社，2006.

［9］ 陈志华. 谈文物建筑的保护［J］. 世界建筑，1986（03）：31-33.

［10］ 张婷，黄飞燕，倪振恒. 六和塔保护修缮概述［J］. 杭州文博，2015（01）：11-17.

［11］ MICHALSKI S. Looking Ahead to Future Challenge［D］. 2002.

［12］ 吴美萍，朱光亚. 建筑遗产的预防性保护研究初探［J］. 建筑学报，2010（06）：37-39.

［13］ LIPOVEC N C. Preventive Conservation in the International Documents: from the Athens Charter to the ICOMOS Charter on Structural Restoration [R]. 2008.

［14］ 戴俭，朱兆阳. 现代科技与文化遗产保护［J］. 中国文化遗产，2015（05）：38-42.

［15］ 葛浙东，侯晓鹏，李早芳，周玉成. 断层扫描技术在木材无损检测中的应用［J］. 木材工业，2016，30（03）：49-52.

［16］ 陈琳，符映红，居发玲，戴仕炳. 宁波保国寺大殿宋柱现状监测的无损与微损检测技术研究［J］. 建筑遗产，2018（02）：78-85.

［17］ 中国文化遗产研究院. 中国文物保护与修复技术［M］. 科学出版社，2009.

［18］ 崔奋. 红外线检测木材失效的方法木材失效过程的红外线检测［J］. 山西建筑，1999（03）：123-124.

［19］ 缪小平，段芬，王国琴，吕福在. 利用超声无损检测对木质材料的特性研究［J］.

林产工业，2016，43（05）：53-55.

［20］ 张厚江，管成，文剑．木质材料无损检测的应用与研究进展［J］．林业工程学报，2016，1（06）：1-9.

［21］ 孙燕良，张厚江，朱磊，闫海成．微钻力阻力仪在检测木材密度中的应用研究［J］．湖南农业科学，2011（10）：43-44.

［22］ 李林．Pilodyn方法在活立木木材基本密度预测中的应用［D］．河南农业大学，2009.

［23］ 余明，丁辰，过静，王君．激光三维扫描技术用于古建筑测绘的研究［J］．测绘科学，2004（05）：69-70.

［24］ 薛玉宝．合理运用“打牮拨正”和“抽换大木构件”的修缮方法［J］．古建园林技术，2010（02）：25-28.

［25］ ORTEGA R I. From BETA to WER and Side Trips in Between—A Non-Comprehensive Personal History of Epoxy Applications in Wood [R]. 2015.

［26］ 蔡润．古建筑木构件的化学加固［A］，2010［C］．中国文物保护技术协会．

［27］ 陈允适．古建筑木结构与木质文物保护［M］．中国建筑工业出版社，2007.

［28］ 查群．中国文化遗产的早期保护实践（一）南禅寺大殿两次修缮方案对比研究［J］．中国文化遗产，2018（01）.

［29］ 尚大军，段新芳，杨中平．应力波无损检测技术及其在木结构古建筑保护中的应用［J］．世界林业研究，2008（02）：44-48.

［30］ 王晓欢．古建筑旧木材材性变化及其无损检测研究［D］．内蒙古农业大学，2006.

［31］ 牟洪波．基于BP和RBF神经网络的木材缺陷检测研究［D］．东北林业大学，2010.

［32］ LEE I D G. Ultrasonic pulse velocity testing considered as a safety measure for timber structures [D]. Spokane: Washington State University, 1965.

［33］ LANIUS R M T R B W. Strength of old wood joists [D]. 1981.

［34］ J R R. Quality assessment of the wooden beams and columnsof Bay C of the east end of Washington State University footballstadium [R]. Pullman: WA: Washington State University, 1982.

［35］ ROSS R J. Quality assessment of the wooden beams and columns of Bay C of the east end of Washington State University football stadium [R]. Pullman: Washington State University, 1982.

［36］ W N D. Establishment of elastic properties for in-place tim-ber structures [D]. Pullman: WA: Washington State University, 1985.

［37］ PERLLERIN R F L J A R. In-place detectionof decay in timber bridges-An application of stress wave tech-nology [D]. Madison, WI: U.S.Department of Agriculture, Forest Service, Forest Prod-ucts Laboratory: WI.Gen.Tech.Rep.FPL-GTR-94, 1996.

［38］ ROSS R J M K A S. NDE of historicalstructures-USS constitution [D]. Nondestructive

Evaluation of Materials and Composites, 1996.

［39］ 段新芳，李玉栋，王平．无损检测技术在木材保护中的应用［J］．木材工业，2002，16（5）：14-16.

［40］ 尚大军，段新芳，杨中平等．西藏部分古建筑腐朽与虫蛀木构件的 PILODYN 无损检测研究［J］．林业科技，2007，23（2）：37-42.

［41］ 张晋，王亚超，许清风，杨小敬，李向民．基于无损检测的超役黄杉和杉木构件的剩余强度分析［J］．中南大学学报（自然科学版），2011，42（12）：3864-3870.

［42］ 孙天用，王立海．基于应力波与X射线二维CT图像原木内部腐朽无损检测［J］．森林工程，2011，27（06）：26-29.

［43］ 戴俭，常丽红，钱威，常浩．古建筑木构件内部缺陷无损检测的方法与应用研究［J］．建筑学报，2017（02）：7-10.

［44］ 戴俭，常丽红，钱威，李鑫．古建筑木构件残损特征及其内部空洞的应力波无损检测［J］．北京工业大学学报，2016，42（02）：236-244.

［45］ 常丽红，戴俭，钱威．基于Shapley值的古建筑木构件内部缺陷无损检测［J］．北京工业大学学报，2016，42（06）：886-892.

［46］ M M M A. Experimental study of static and fatigue strengths of pultruded GFRP rods bonded into LVL and glulam [J]. International Journal of Adhesion and Adhesives, 2004, 24(4): 319-325.

［47］ De Lorenzis L Scialpi V La Tegola A. Analytical and experimental study on bonded-in CFRP bars in glulam wood [J]. Composite Part B: Engineering, 2005, 36(4): 279-289.

［48］ Y H. Fatigue and fracture of the FRP-wood interface: experimental characterization and performance limits [D]. 2003.

［49］ U B E D J. Bond strength of FRP-Wood interface [J]. Journal of Reinforced Plastics and Composites, 1994(13): 835-854.

［50］ A V C B O. Structurally durable epoxy bonds to aircraft woods [J]. Forest Products Journals, 1997, 47(3): 71-77.

［51］ VAHEDIAN A S R C K. Effective bond length and bond behaviour of FRP externally bonded to timber [J]. Construction and Building Materials, 2017(151): 742-754.

［52］ 朱世骏，杨会峰，陆伟东等．GFRP筋与胶合木粘结锚固性能试验研究［J］．结构工程师，2012，28（05）：142-148.

［53］ 张富文，许清风，李向民等．内嵌CFRP筋与木材的粘结锚固性能试验研究［J］．2014，30（05）：146-153.

［54］ XU Q F C L Z H.Experimental study and numerical simulation of long-term behavior of timber beams strengthened with near surface mounted CFRP bars [J]. 2017(50): 45-53.

［55］ C T T. Shear reinforcement of wood using FRP materials [J]. Journal of Materials in Civil Engineering, 1997, 9(2): 65-69.

[56] AL H S T K. Effectiveness of GFRP sheets for shear strengthening of timber [J]. Journal of Composites for Construction, 2006, 10(6): 483-491.

[57] AL C M S E. In-plane shear reinforcement of wood beam floors with FRP [J]. Composites Part B: Engineering, 2006, 37(4/5): 310-319.

[58] V V R M. Mechanical properties of palmyra /glass fiber-hybrid composites [J]. Composites Part A, 2007, 38(10): 2216-2226.

[59] 许清风，朱春明等．CFRP加固木梁受剪承载力的试验研究［J］．工业建筑，2007（S1）：366-369.

[60] 王鲲．碳纤维增强材料（CFRP）加固古建筑木结构试验研究．［D］．西安建筑科技大学，2007.

[61] 淳庆，潘建伍．碳一芳混杂纤维布加固木梁抗剪性能分析［J］．解放军理工大学学报（自然科学版），2011，12（6）：655-658.

[62] C P N T T. FRP-reinforced wood as structural members [J]. Journal of Material in Civil Engineering, 1992, 4(3): 300-317.

[63] M B H J R. Investigations of the load carring reinforced with fiber reinforced plastic [J]. Holz Als Roh-und Werkstoff, 2001, 59(5): 364-372.

[64] A C M B. Fir and chestnut timber beams reinforced with GFRP pultruded elements [J]. Composites Part B: Engineering, 2007(38): 172-181.

[65] R D H J L. FRP-wood hybrids for bridges: A comparison of E-Glass and carbon reinforcements [J]. Advanced Technology in Structural Engineering, 2000(103): 191-199.

[66] H L A R X. Structural characterization of hybrid fiber reinforced polymer-glulam panels for bridge decks [J]. Journal of Composites for Construction, 2002, 3(6): 194-203.

[67] GENTILE C S D R S. Timber Beams Strengthened with GFRP Bars: Development and Applications.[J]. Journal of Composites for Construction, ASCE, 2002, 6(1): 11-20.

[68] ALHAYEK H S D. Flexural stiffness and strength of GFRP-reinforced timber beams [J]. Journal of Composites for Construction, 2012, 16(3): 245-252.

[69] YANG H J D L W. Construction & Building Materials, 2016(109): 73-83.

[70] 马建勋，蒋湘闽，胡平等．碳纤维布加固木梁抗弯性能的试验研究［J］．工业建筑，2005，35（8）：35-39.

[71] 王全凤，李飞，陈浩军等．GFRP加固木梁抗弯性能的试验研究与理论分析［J］．建筑结构，2010，40（5）：50-51.

[72] 曹海，刘伟庆，杨会峰等．FRP加固木梁的受弯性能试验研究［J］．江苏建筑，2009（4）：32-35.

[73] 许清风，朱雷，陈建飞，李向民，张富文．内嵌CFRP筋/片加固木梁受弯性能试验研究［J］．建筑结构学报，2012，33（08）：149-156.

[74] 淳庆，张洋，潘建伍．内嵌碳纤维筋加固木梁抗弯性能试验［J］．解放军理工大

学学报（自然科学版），2013，14（02）：190-194.

［75］ 吕舟. 文化遗产保护：吕舟文化遗产保护团队论文集［M］. 科学出版社，2016.

［76］ 张十庆. 宁波保国寺大殿：勘测分析与基础研究［M］. 东南大学出版社，2012.

［77］ 侯卫东. 应县木塔保护研究［M］. 文物出版社，2016.

［78］ 周乾，杨娜. 故宫古建檩三件典型残损问题分析［J］. 水利与建筑工程学报，2016，14（05）：61-69.

［79］ 尹思慈. 木材学［M］. 中国林业出版社，1996.

［80］ KASAL B L R J. State of the art in multiaxial phenomenological failure criteria for wood members [J]. Progress in Structural Engineering and Materials, 2005, 7(1): 3-13.

［81］ LABORATORY F P. Wood handbook: wood as an engineering mater [M]. Wanshingdon DC: University Press of the Pacific, 2010.

［82］ GB/T 1933-2009 木材密度测定方法［S］. 中华人民共和国国家标准.

［83］ GB/T 1931-2009 木材含水率测定方法［S］. 中华人民共和国国家标准.

［84］ GB/T 1928-2009 木材物理力学试验方法总则［S］. 中华人民共和国国家标准.

［85］ GB/T 1938-2009 木材顺纹抗拉强度试验方法［S］. 中华人民共和国国家标准.

［86］ GB/T 1935-2009 木材顺纹抗压强度试验方法［S］. 中华人民共和国国家标准.

［87］ GB/T 1937-2009 木材顺纹抗剪强度试验方法［S］. 中华人民共和国国家标准.

［88］ GB/T 1936.2-2009 木材抗弯弹性模量测定方法［S］. 中华人民共和国国家标准.

［89］ GB/T 1936.1-2009 木材抗弯强度试验方法［S］. 中华人民共和国国家标准.

［90］ 肖九梅. 碳纤维新材料的性能与应用［J］. 化学工业，2015，33（07）：22-26.

［91］ 刘国权，杨大锋，翟金明，曾晶. 高强玻璃纤维复合材料的性能及应用［J］. 纤维复合材料，2002（02）：21-22.

［92］ 贺湘凌，贺曼罗，王文军. 建筑结构胶黏剂与施工应用技术（第二版）［M］. 化学工业出版社，2016.

［93］ V E I R P. Local bond stress-slip relationships of deformed bars under generalized excititations [R]. Berkeley: University of California, 1983.

［94］ R C E M G. Behavior and modeling of bond of FRP rebars to concrete [J]. Journal of Composites for Construction, 1997, 1(2): 40-51.

［95］ MATERIALS T B B B. Investigation of bond in concrete member with fibre reinforced polymer(FRP) bars [J]. Construction and Building Materials, 1998, 12(8): 453-462.

［96］ 朱磊，张厚江，孙燕良等. 基于应力波和微钻阻力的古建筑木构件材料力学性能检测［J］. 东北林业大学学报，2011，39（10）：81-83.

［97］ 陈明达. 中国古代木结构建筑技术（战国—北宋）［M］. 文物出版社，1990.

［98］ 朱兆阳，钱威，程丽婷，戴俭. FRP板隐蔽式加固古建筑木梁的抗弯性能［J］. 北京工业大学学报，2019，45（02）：160-167.

［99］ 马炳坚. 中国古建筑木作营造技术［M］. 科学出版社，2003.

［100］ EDEN D S R J. Flexural and shear strengthening oftimber beams using glass fibre reinforced polymer bars—an experimental investigation [J]. Journal of Composites for Construfion, 2004, 7(8): 26-35.

［101］ SALEB A Y A L. Flexural Strengthening of Timber Beams Using Glass Fibre Reinforced Polymer [J]. Electronic Journal of Structural Engineering, 2010, 26(7): 52-61.

［102］ NORRIS S C B A. Strength of wood beam and rectangular cross section as affected by span-depth ration [M]. USDA Forrest Service for Prod. Lab. Rep., 1952.

［103］ 谢启芳. 中国木结构古建筑加固的试验研究及理论分析［D］. 西安建筑科技大学，2007.

［104］ HILL R. A theory of the yielding and plastic flow of anisot ropic metals[J]. Proc R Soc Ser A, 1947(193): 281-297.

［105］ B N C. Strength of Orthotropic Materials Subjected to Combined S tress [R]. Madison: Forest Products Lab, 1995.

［106］ YAMADA S E S C T. Analysis of Laminate Strength and Its Distribution [J]. Journal of Composite Materials, 1978(12): 275-284.

［107］ 王元帅，刘玉石，朱宜生. 基于蒙特卡洛法的结构可靠性分析［J］. 环境技术，2018，36（05）：41-45.

［108］ HUA L H O F. MPI tracer magnetization simulated using a Kinetic Monte Carlo method, Seattle, WA, USA, 2013 [C]. Univ. of Washington.

［109］ 王成刚，张祥，吴景春，柳炳康，梁恒斌. 方钢管再生混凝土柱侧向承载力的数值模拟及影响因素敏感度分析［J］. 工业建筑，2018，48（01）：172-178.

［110］ 周小涵，曾艳华，范磊，周晓军，阮亮红. 基于正交试验的寒区隧道温度场影响因素敏感度研究［J］. 湖南大学学报（自然科学版），2016，43（11）：154-160.

［111］ 杨菲菲，肖华勇，黄奔茹. Meta分析中敏感度分析及应用［J］. 纺织高校基础科学学报，2014，27（01）：103-107.

［112］ 刘宏. 多因素试验方案的设计［J］. 电子质量，2009（11）：46-48.

［113］ 侯文萃，辛全才. 基于改进正交设计的黄土边坡稳定影响因素敏感性分析［J］. 土工基础，2016，30（02）：209-213.

［114］ 王蕴华. 在连续箱梁桥加固中应用碳纤维布的工程实践［J］. 港工技术，2012，49（03）：39-40.

［115］ 淳庆，陈春超，潘建伍. 上大下小拼合木梁抗弯性能试验研究［J］. 中南大学学报（自然科学版），2014，45（05）：1659-1665.

［116］ 淳庆，陈春超，潘建伍. 上小下大拼合木梁抗弯性能试验研究［J］. 工业建筑，2014，44（08）：103-107.

［117］ 周向阳，况中华，沈志勇. 自动化监测技术在历史建筑改造工程中的应用［J］. 建筑施工，2018，40（08）：1413-1415.

[118] 沈澍，蒋维乐，单玥，陈昊望，骆铖. 基于无线传感网的古建筑健康监测技术[J]. 中国测试，2017，43（11）：64-69.

[119] 白晓彬，杨娜. 长期监测中藏式古建筑木梁应变-温度模型分析[J]. 湖南大学学报（自然科学版），2017，44（11）：117-125.

[120] 汪清忠. 激光扫描仪在古建筑保护变形监测的应用研究[J]. 中外建筑，2017（05）：225-227.

[121] 周伟，李奇，李畅. 利用激光扫描技术监测大型古建筑变形的研究[J]. 测绘通报，2012（04）：52-54.

附录　Abaqus参数化计算脚本

```
from abaqus import *
from abaqusConstants import *
session.Viewport(name='Viewport: 1', origin=(0.0, 0.0), width=248.137512207031,
    height=180.074081420898)
session.viewports['Viewport: 1'].makeCurrent()
session.viewports['Viewport: 1'].maximize()
from caeModules import *
from driverUtils import executeOnCaeStartup
executeOnCaeStartup()
B=60
H=90
A=825
L=1100
C=24
D=50
A1=2
B1=20
Pressure=200
M1=25
M2=25
M3=25
jobname='Job-1'
output='Job-1.odb'
#model_01
s = mdb.models['Model-1'].ConstrainedSketch(name='__profile__',
    sheetSize=200.0)
g, v, d, c = s.geometry, s.vertices, s.dimensions, s.constraints
s.setPrimaryObject(option=STANDALONE)
```

```
s.Line(point1=(0.0, 0.0), point2=(0.0, B))            #s.VerticalConstraint(entity=g[2],
addUndoState=False)

s.Line(point1=(0.0, B), point2=(A, B))            #s.HorizontalConstraint(entity=g[3],
addUndoState=False)

s.Line(point1=(A, B), point2=(A, B/2+C/2))            #s.VerticalConstraint(entity=g[4],
addUndoState=False)

s.Line(point1=(A, B/2+C/2), point2=(A+D, B/2+C/2))    #s.HorizontalConstraint(entity=g[5],
addUndoState=False)

s.Line(point1=(A+D, B/2+C/2), point2=(A+D, B/2-C/2))  #s.VerticalConstraint(entity=g[6],
addUndoState=False)

s.Line(point1=(A+D, B/2-C/2), point2=(A, B/2-C/2))    #s.HorizontalConstraint(entity=g[7],
addUndoState=False)

s.Line(point1=(A, B/2-C/2), point2=(A, 0.0))            #s.VerticalConstraint(entity=g[8],
addUndoState=False)

s.Line(point1=(A, 0.0), point2=(0.0, 0.0))            #s.HorizontalConstraint(entity=g[9],
addUndoState=False)

p = mdb.models['Model-1'].Part(name='Part-1', dimensionality=THREE_D,
   type=DEFORMABLE_BODY)
p = mdb.models['Model-1'].parts['Part-1']
p.BaseSolidExtrude(sketch=s, depth=H)
s.unsetPrimaryObject()
p = mdb.models['Model-1'].parts['Part-1']
session.viewports['Viewport: 1'].setValues(displayedObject=p)
del mdb.models['Model-1'].sketches['__profile__']
p = mdb.models['Model-1'].parts['Part-1']
f, e = p.faces, p.edges
t = p.MakeSketchTransform(sketchPlane=f[4], sketchUpEdge=e[11],
```

```
    sketchPlaneSide=SIDE1, sketchOrientation=RIGHT, origin=(0.0, 0.0, 0.0))
s1 = mdb.models['Model-1'].ConstrainedSketch(name='__profile__',
    sheetSize=1781.11, gridSpacing=44.52, transform=t)
g, v, d, c = s1.geometry, s1.vertices, s1.dimensions, s1.constraints
s1.setPrimaryObject(option=SUPERIMPOSE)
p = mdb.models['Model-1'].parts['Part-1']
p.projectReferencesOntoSketch(sketch=s1, filter=COPLANAR_EDGES)
s1.Line(point1=(B/2-C/2, 0), point2=(B/2-C/2, B1))    #s1.VerticalConstraint(entity=g[6],
addUndoState=False)

s1.Line(point1=(B/2-C/2-A1, B1), point2=(B/2-C/2-A1, 0))    #s1.HorizontalConstraint(entity=g[7],
addUndoState=False)

s1.Line(point1=(B/2-C/2, B1), point2=(B/2-C/2-A1, B1))    #s1.VerticalConstraint(entity=g[8],
addUndoState=False)

s1.Line(point1=(B/2-C/2, 0), point2=(B/2-C/2-A1, 0))    #s1.HorizontalConstraint(entity=g[9],
addUndoState=False)

s1.Line(point1=(B/2+C/2, 0), point2=(B/2+C/2, B1))    #s1.VerticalConstraint(entity=g[10],
addUndoState=False)

s1.Line(point1=(B/2+C/2+A1, 0), point2=(B/2+C/2+A1, B1))    #s1.HorizontalConstraint(entity
=g[11], addUndoState=False)

s1.Line(point1=(B/2+C/2, 0), point2=(B/2+C/2+A1, 0))    #s1.VerticalConstraint(entity=g[12],
addUndoState=False)

s1.Line(point1=(B/2+C/2, B1), point2=(B/2+C/2+A1, B1))    #s1.HorizontalConstraint(entity=g[13],
addUndoState=False)

p = mdb.models['Model-1'].parts['Part-1']
f1, e1 = p.faces, p.edges
p.CutExtrude(sketchPlane=f1[4], sketchUpEdge=e1[11], sketchPlaneSide=SIDE1,
    sketchOrientation=RIGHT, sketch=s1, flipExtrudeDirection=OFF)
s1.unsetPrimaryObject()
```

```
del mdb.models['Model-1'].sketches['__profile__']

#model_02
s = mdb.models['Model-1'].ConstrainedSketch(name='__profile__',
    sheetSize=200)
g, v, d, c = s.geometry, s.vertices, s.dimensions, s.constraints
s.setPrimaryObject(option=STANDALONE)
s.Line(point1=(A, 0.0), point2=(A, B/2-C/2))    #s1.VerticalConstraint(entity=g[2],
addUndoState=False)

s.Line(point1=(A, B/2-C/2), point2=(A+D, B/2-C/2))    #s1.HorizontalConstraint(entity=g[3],
addUndoState=False)

s.Line(point1=(A+D, B/2-C/2), point2=(A+D, B/2+C/2))    #s1.VerticalConstraint(entity=g[4],
addUndoState=False)

s.Line(point1=(A+D, B/2+C/2), point2=(A, B/2+C/2))    #s1.HorizontalConstraint(entity=g[5],
addUndoState=False)

s.Line(point1=(A, B/2+C/2), point2=(A, B))    #s1.VerticalConstraint(entity=g[6],
addUndoState=False)

s.Line(point1=(A, B), point2=(L, B))    #s1.HorizontalConstraint(entity=g[7], addUndoState=False)

s.Line(point1=(L, B), point2=(L, 0.0))    #s1.VerticalConstraint(entity=g[8], addUndoState=False)

s.Line(point1=(L, 0.0), point2=(A, 0.0))    #s1.HorizontalConstraint(entity=g[9],
addUndoState=False)

p = mdb.models['Model-1'].Part(name='Part-2', dimensionality=THREE_D,
    type=DEFORMABLE_BODY)
p = mdb.models['Model-1'].parts['Part-2']
p.BaseSolidExtrude(sketch=s, depth=H)
s.unsetPrimaryObject()
p = mdb.models['Model-1'].parts['Part-2']
session.viewports['Viewport: 1'].setValues(displayedObject=p)
```

```
del mdb.models['Model-1'].sketches['__profile__']
p = mdb.models['Model-1'].parts['Part-2']
f, e = p.faces, p.edges
t = p.MakeSketchTransform(sketchPlane=f[6], sketchUpEdge=e[17],
   sketchPlaneSide=SIDE1, sketchOrientation=RIGHT, origin=(0, 0, 0))
s1 = mdb.models['Model-1'].ConstrainedSketch(name='__profile__',
   sheetSize=2210.61, gridSpacing=55.26, transform=t)
g, v, d, c = s1.geometry, s1.vertices, s1.dimensions, s1.constraints
s1.setPrimaryObject(option=SUPERIMPOSE)
p = mdb.models['Model-1'].parts['Part-2']
p.projectReferencesOntoSketch(sketch=s1, filter=COPLANAR_EDGES)
s1.Line(point1=(B/2-C/2, 0), point2=(B/2-C/2, B1))    #s1.VerticalConstraint(entity=g[6],
addUndoState=False)

s1.Line(point1=(B/2-C/2-A1, B1), point2=(B/2-C/2-A1, 0))    #s1.HorizontalConstraint(entity=g[7],
addUndoState=False)

s1.Line(point1=(B/2-C/2, B1), point2=(B/2-C/2-A1, B1))    #s1.VerticalConstraint(entity=g[8],
addUndoState=False)

s1.Line(point1=(B/2-C/2, 0), point2=(B/2-C/2-A1, 0))    #s1.HorizontalConstraint(entity=g[9],
addUndoState=False)

s1.Line(point1=(B/2+C/2, 0), point2=(B/2+C/2, B1))    #s1.VerticalConstraint(entity=g[10],
addUndoState=False)

s1.Line(point1=(B/2+C/2+A1, 0), point2=(B/2+C/2+A1, B1))    #s1.HorizontalConstraint(entity
=g[11], addUndoState=False)

s1.Line(point1=(B/2+C/2, 0), point2=(B/2+C/2+A1, 0))    #s1.VerticalConstraint(entity=g[12],
addUndoState=False)

s1.Line(point1=(B/2+C/2, B1), point2=(B/2+C/2+A1, B1))    #s1.HorizontalConstraint(entity=g[13],
addUndoState=False)
p = mdb.models['Model-1'].parts['Part-2']
f1, e1 = p.faces, p.edges
```

```
p.CutExtrude(sketchPlane=f1[6], sketchUpEdge=e1[17], sketchPlaneSide=SIDE1,
   sketchOrientation=RIGHT, sketch=s1, flipExtrudeDirection=OFF)
s1.unsetPrimaryObject()
del mdb.models['Model-1'].sketches['__profile__']

#model_03
s = mdb.models['Model-1'].ConstrainedSketch(name='__profile__',
   sheetSize=200)
g, v, d, c = s.geometry, s.vertices, s.dimensions, s.constraints
s.setPrimaryObject(option=STANDALONE)
s.Line(point1=(0, B/2-C/2), point2=(0, B/2-C/2-A1))    #s1.VerticalConstraint(entity=g[6],
addUndoState=False)

s.Line(point1=(L, B/2-C/2), point2=(L, B/2-C/2-A1))    #s1.HorizontalConstraint(entity=g[7],
addUndoState=False)

s.Line(point1=(0, B/2-C/2), point2=(L, B/2-C/2))    #s1.VerticalConstraint(entity=g[8],
addUndoState=False)

s.Line(point1=(0, B/2-C/2-A1), point2=(L,B/2-C/2-A1))    #s1.HorizontalConstraint(entity=g[9],
addUndoState=False)

s.Line(point1=(0, B/2-C/2+C), point2=(0, B/2-C/2+C+A1))    #s1.VerticalConstraint(entity=g[10],
addUndoState=False)

s.Line(point1=(L, B/2-C/2+C), point2=(L, B/2-C/2+C+A1))    #s1.HorizontalConstraint(entity=g[11],
addUndoState=False)

s.Line(point1=(0, B/2-C/2+C), point2=(L, B/2-C/2+C))    #s1.VerticalConstraint(entity=g[12],
addUndoState=False)

s.Line(point1=(0, B/2-C/2+C+A1), point2=(L, B/2-C/2+C+A1))    #s1.HorizontalConstraint(entity
=g[13], addUndoState=False)
p = mdb.models['Model-1'].Part(name='Part-3', dimensionality=THREE_D,
   type=DEFORMABLE_BODY)
p = mdb.models['Model-1'].parts['Part-3']
```

```
p.BaseSolidExtrude(sketch=s, depth=B1)
s.unsetPrimaryObject()
p = mdb.models['Model-1'].parts['Part-3']
session.viewports['Viewport: 1'].setValues(displayedObject=p)
del mdb.models['Model-1'].sketches['__profile__']

#Material
session.viewports['Viewport: 1'].partDisplay.setValues(sectionAssignments=ON,
    engineeringFeatures=ON)
mdb.models['Model-1'].Material(name='Material-1')
mdb.models['Model-1'].materials['Material-1'].Elastic(
    type=ENGINEERING_CONSTANTS, table=((12554.67, 1043.67, 692.33, 0.35, 0.47,
    0.46, 1084.0, 1045.33, 275.33), ))
mdb.models['Model-1'].Material(name='Material-2')
mdb.models['Model-1'].materials['Material-2'].Elastic(table=((100000.0, 0.28),
    ))

#Section
mdb.models['Model-1'].HomogeneousSolidSection(name='Section-1',
    material='Material-1', thickness=None)
mdb.models['Model-1'].HomogeneousSolidSection(name='Section-2',
    material='Material-2', thickness=None)
p = mdb.models['Model-1'].parts['Part-2']
session.viewports['Viewport: 1'].setValues(displayedObject=p)
p = mdb.models['Model-1'].parts['Part-1']
session.viewports['Viewport: 1'].setValues(displayedObject=p)
p = mdb.models['Model-1'].parts['Part-1']
c = p.cells
cells = c.getSequenceFromMask(mask=('[#1 ]', ), )
region = p.Set(cells=cells, name='Set-1')
p = mdb.models['Model-1'].parts['Part-1']
p.SectionAssignment(region=region, sectionName='Section-1', offset=0.0,
    offsetType=MIDDLE_SURFACE, offsetField='',
    thicknessAssignment=FROM_SECTION)
p = mdb.models['Model-1'].parts['Part-2']
session.viewports['Viewport: 1'].setValues(displayedObject=p)
```

```
p = mdb.models['Model-1'].parts['Part-2']
c = p.cells
cells = c.getSequenceFromMask(mask=('[#1 ]', ), )
region = p.Set(cells=cells, name='Set-1')
p = mdb.models['Model-1'].parts['Part-2']
p.SectionAssignment(region=region, sectionName='Section-1', offset=0.0,
   offsetType=MIDDLE_SURFACE, offsetField='',
   thicknessAssignment=FROM_SECTION)
p = mdb.models['Model-1'].parts['Part-3']
session.viewports['Viewport: 1'].setValues(displayedObject=p)
p = mdb.models['Model-1'].parts['Part-3']
c = p.cells
cells = c.getSequenceFromMask(mask=('[#3 ]', ), )
region = p.Set(cells=cells, name='Set-1')
p = mdb.models['Model-1'].parts['Part-3']
p.SectionAssignment(region=region, sectionName='Section-2', offset=0.0,
   offsetType=MIDDLE_SURFACE, offsetField='',
   thicknessAssignment=FROM_SECTION)

#set cankaomian
p = mdb.models['Model-1'].parts['Part-1']
f = p.faces
p.DatumPlaneByOffset(plane=f[10], flip=SIDE2, offset=100.0)
p = mdb.models['Model-1'].parts['Part-1']
f1 = p.faces
p.DatumPlaneByOffset(plane=f1[10], flip=SIDE2, offset=295.0)
p = mdb.models['Model-1'].parts['Part-1']
f = p.faces
p.DatumPlaneByOffset(plane=f[10], flip=SIDE2, offset=305.0)
p = mdb.models['Model-1'].parts['Part-1']
f = p.faces
p.DatumPlaneByOffset(plane=f[10], flip=SIDE2, offset=705.0)
p = mdb.models['Model-1'].parts['Part-1']
f = p.faces
p.DatumPlaneByOffset(plane=f[10], flip=SIDE2, offset=695.0)
p = mdb.models['Model-1'].parts['Part-2']
```

```
f1 = p.faces
p.DatumPlaneByOffset(plane=f1[15], flip=SIDE2, offset=100.0)
p = mdb.models['Model-1'].parts['Part-3']
f = p.faces
p.DatumPlaneByOffset(plane=f[2], flip=SIDE2, offset=100.0)
p = mdb.models['Model-1'].parts['Part-3']
f1 = p.faces
p.DatumPlaneByOffset(plane=f1[2], flip=SIDE2, offset=1000.0)

#zhuangpei
p = mdb.models['Model-1'].parts['Part-1']
session.viewports['Viewport: 1'].setValues(displayedObject=p)
a = mdb.models['Model-1'].rootAssembly
session.viewports['Viewport: 1'].setValues(displayedObject=a)
a = mdb.models['Model-1'].rootAssembly
a.DatumCsysByDefault(CARTESIAN)
p = mdb.models['Model-1'].parts['Part-1']
a.Instance(name='Part-1-1', part=p, dependent=ON)
p = mdb.models['Model-1'].parts['Part-2']
a.Instance(name='Part-2-1', part=p, dependent=ON)
p = mdb.models['Model-1'].parts['Part-3']
a.Instance(name='Part-3-1', part=p, dependent=ON)

#step
session.viewports['Viewport: 1'].assemblyDisplay.setValues(
    adaptiveMeshConstraints=OFF)
session.viewports['Viewport: 1'].assemblyDisplay.setValues(
    adaptiveMeshConstraints=ON)
mdb.models['Model-1'].StaticStep(name='Step-1', previous='Initial',
    stabilizationMagnitude=0.0002,
    stabilizationMethod=DISSIPATED_ENERGY_FRACTION,
    continueDampingFactors=False, adaptiveDampingRatio=0.05, nlgeom=ON)
session.viewports['Viewport: 1'].assemblyDisplay.setValues(step='Step-1')
session.viewports['Viewport: 1'].view.setValues(nearPlane=1491.89,
    farPlane=2090.35, width=486.652, height=225.591, viewOffsetX=283.809,
    viewOffsetY=-103.006)
```

```
set1 = mdb.models['Model-1'].rootAssembly.allInstances['Part-1-1'].sets['Set-1']
set2 = mdb.models['Model-1'].rootAssembly.allInstances['Part-2-1'].sets['Set-1']
leaf = dgm.LeafFromSets(sets=(set1, set2, ))
session.viewports['Viewport: 1'].assemblyDisplay.displayGroup.remove(leaf=leaf)
session.viewports['Viewport: 1'].view.setValues(nearPlane=1554.9,
   farPlane=1854.14, width=332.867, height=154.303, viewOffsetX=363.964,
   viewOffsetY=-171.049)
set1 = mdb.models['Model-1'].rootAssembly.allInstances['Part-1-1'].sets['Set-1']
set2 = mdb.models['Model-1'].rootAssembly.allInstances['Part-2-1'].sets['Set-1']
leaf = dgm.LeafFromSets(sets=(set1, set2, ))
session.viewports['Viewport: 1'].assemblyDisplay.displayGroup.add(leaf=leaf)
set1 = mdb.models['Model-1'].rootAssembly.allInstances['Part-3-1'].sets['Set-1']
leaf = dgm.LeafFromSets(sets=(set1, ))
session.viewports['Viewport: 1'].assemblyDisplay.displayGroup.remove(leaf=leaf)
a1 = mdb.models['Model-1'].rootAssembly
s1 = a1.instances['Part-3-1'].faces
side1Faces1 = s1.getSequenceFromMask(mask=('[#680 ]', ), )
region1=a1.Surface(side1Faces=side1Faces1, name='m_Surf-1')
a1 = mdb.models['Model-1'].rootAssembly
s1 = a1.instances['Part-2-1'].faces
side1Faces1 = s1.getSequenceFromMask(mask=('[#38 ]', ), )
s2 = a1.instances['Part-1-1'].faces
side1Faces2 = s2.getSequenceFromMask(mask=('[#200c ]', ), )
region2=a1.Surface(side1Faces=side1Faces1+side1Faces2, name='s_Surf-1')
mdb.models['Model-1'].Tie(name='Constraint-1', master=region1, slave=region2,
   positionToleranceMethod=COMPUTED, adjust=ON, tieRotations=ON, thickness=ON)
set1 = mdb.models['Model-1'].rootAssembly.allInstances['Part-1-1'].sets['Set-1']
set2 = mdb.models['Model-1'].rootAssembly.allInstances['Part-2-1'].sets['Set-1']
leaf = dgm.LeafFromSets(sets=(set1, set2, ))
session.viewports['Viewport: 1'].assemblyDisplay.displayGroup.remove(leaf=leaf)
set1 = mdb.models['Model-1'].rootAssembly.allInstances['Part-3-1'].sets['Set-1']
leaf = dgm.LeafFromSets(sets=(set1, ))
session.viewports['Viewport: 1'].assemblyDisplay.displayGroup.add(leaf=leaf)

a2 = mdb.models['Model-1'].rootAssembly
s1 = a2.instances['Part-1-1'].faces
```

```
side1Faces1 = s1.getSequenceFromMask(mask=('[#13 ]', ), )
s2 = a2.instances['Part-2-1'].faces
side1Faces2 = s2.getSequenceFromMask(mask=('[#7 ]', ), )
region1=a2.Surface(side1Faces=side1Faces1+side1Faces2, name='m_Surf-3')
a2 = mdb.models['Model-1'].rootAssembly
s1 = a2.instances['Part-3-1'].faces
side1Faces1 = s1.getSequenceFromMask(mask=('[#1a ]', ), )
region2=a2.Surface(side1Faces=side1Faces1, name='s_Surf-3')
mdb.models['Model-1'].Tie(name='Constraint-2', master=region1, slave=region2,
   positionToleranceMethod=COMPUTED, adjust=ON, tieRotations=ON, thickness=ON)

#cut part1
p = mdb.models['Model-1'].parts['Part-1']
c = p.cells
pickedCells = c.getSequenceFromMask(mask=('[#1 ]', ), )
d = p.datums
p.PartitionCellByDatumPlane(datumPlane=d[4], cells=pickedCells)
p = mdb.models['Model-1'].parts['Part-1']
c = p.cells
pickedCells = c.getSequenceFromMask(mask=('[#1 ]', ), )
d1 = p.datums
p.PartitionCellByDatumPlane(datumPlane=d1[5], cells=pickedCells)
p = mdb.models['Model-1'].parts['Part-1']
c = p.cells
pickedCells = c.getSequenceFromMask(mask=('[#1 ]', ), )
d = p.datums
p.PartitionCellByDatumPlane(datumPlane=d[6], cells=pickedCells)
p = mdb.models['Model-1'].parts['Part-1']
c = p.cells
pickedCells = c.getSequenceFromMask(mask=('[#2 ]', ), )
d1 = p.datums
p.PartitionCellByDatumPlane(datumPlane=d1[8], cells=pickedCells)
p = mdb.models['Model-1'].parts['Part-1']
c = p.cells
pickedCells = c.getSequenceFromMask(mask=('[#1 ]', ), )
d = p.datums
```

```
p.PartitionCellByDatumPlane(datumPlane=d[7], cells=pickedCells)
p = mdb.models['Model-1'].parts['Part-2']
session.viewports['Viewport: 1'].setValues(displayedObject=p)
p = mdb.models['Model-1'].parts['Part-2']
c = p.cells
pickedCells = c.getSequenceFromMask(mask=('[#1 ]', ), )
d = p.datums
p.PartitionCellByDatumPlane(datumPlane=d[4], cells=pickedCells)
p = mdb.models['Model-1'].parts['Part-3']
session.viewports['Viewport: 1'].setValues(displayedObject=p)
#: Warning: Cannot continue yet--complete the step or cancel the procedure.
p = mdb.models['Model-1'].parts['Part-3']
c = p.cells
pickedCells = c.getSequenceFromMask(mask=('[#3 ]', ), )
d1 = p.datums
p.PartitionCellByDatumPlane(datumPlane=d1[4], cells=pickedCells)
p = mdb.models['Model-1'].parts['Part-3']
c = p.cells
pickedCells = c.getSequenceFromMask(mask=('[#6 ]', ), )
d = p.datums
p.PartitionCellByDatumPlane(datumPlane=d[3], cells=pickedCells)

#tie
set1 = mdb.models['Model-1'].rootAssembly.allInstances['Part-2-1'].sets['Set-1']
leaf = dgm.LeafFromSets(sets=(set1, ))
session.viewports['Viewport: 1'].assemblyDisplay.displayGroup.add(leaf=leaf)
set1 = mdb.models['Model-1'].rootAssembly.allInstances['Part-2-1'].sets['Set-1']
leaf = dgm.LeafFromSets(sets=(set1, ))
session.viewports['Viewport: 1'].assemblyDisplay.displayGroup.remove(leaf=leaf)
set1 = mdb.models['Model-1'].rootAssembly.allInstances['Part-1-1'].sets['Set-1']
leaf = dgm.LeafFromSets(sets=(set1, ))
session.viewports['Viewport: 1'].assemblyDisplay.displayGroup.add(leaf=leaf)
a3 = mdb.models['Model-1'].rootAssembly
s1 = a3.instances['Part-2-1'].faces
side1Faces1 = s1.getSequenceFromMask(mask=('[#7180000 ]', ), )
region1=a3.Surface(side1Faces=side1Faces1, name='m_Surf-5')
```

```
a3 = mdb.models['Model-1'].rootAssembly
s1 = a3.instances['Part-1-1'].faces
side1Faces1 = s1.getSequenceFromMask(mask=('[#440000 #0 #2440 ]', ), )
region2=a3.Surface(side1Faces=side1Faces1, name='s_Surf-5')
mdb.models['Model-1'].Tie(name='Constraint-3', master=region1, slave=region2,
   positionToleranceMethod=COMPUTED, adjust=ON, tieRotations=ON, thickness=ON)

#LODE
a3 = mdb.models['Model-1'].rootAssembly
s1 = a3.instances['Part-1-1'].faces
side1Faces1 = s1.getSequenceFromMask(mask=('[#0 #8000002 ]', ), )
region = a3.Surface(side1Faces=side1Faces1, name='Surf-7')
mdb.models['Model-1'].Pressure(name='Load-1', createStepName='Step-1',
   region=region, distributionType=TOTAL_FORCE, field='', magnitude=Pressure,
   amplitude=UNSET)

#CONDITION
a3 = mdb.models['Model-1'].rootAssembly
e1 = a3.instances['Part-2-1'].edges
edges1 = e1.getSequenceFromMask(mask=('[#888 ]', ), )
e2 = a3.instances['Part-3-1'].edges
edges2 = e2.getSequenceFromMask(mask=('[#80000024 #400 ]', ), )
e3 = a3.instances['Part-1-1'].edges
edges3 = e3.getSequenceFromMask(mask=('[#0:3 #2001000 #2 ]', ), )
region = a3.Set(edges=edges1+edges2+edges3, name='Set-1')
mdb.models['Model-1'].EncastreBC(name='BC-1', createStepName='Step-1',
   region=region, localCsys=None)

#mesh_part1
a4 = mdb.models['Model-1'].rootAssembly
a4.regenerate()
session.viewports['Viewport: 1'].assemblyDisplay.setValues(mesh=ON,
   optimizationTasks=OFF, geometricRestrictions=OFF, stopConditions=OFF)
session.viewports['Viewport: 1'].assemblyDisplay.meshOptions.setValues(
   meshTechnique=ON)
p = mdb.models['Model-1'].parts['Part-2']
```

```
session.viewports['Viewport: 1'].setValues(displayedObject=p)
session.viewports['Viewport: 1'].partDisplay.setValues(sectionAssignments=OFF,
   engineeringFeatures=OFF, mesh=ON)
session.viewports['Viewport: 1'].partDisplay.meshOptions.setValues(
   meshTechnique=ON)
p = mdb.models['Model-1'].parts['Part-1']
session.viewports['Viewport: 1'].setValues(displayedObject=p)
p = mdb.models['Model-1'].parts['Part-1']
c = p.cells
pickedRegions = c.getSequenceFromMask(mask=('[#3f ]', ), )
p.setMeshControls(regions=pickedRegions, elemShape=TET, technique=FREE)
elemType1 = mesh.ElemType(elemCode=C3D20R)
elemType2 = mesh.ElemType(elemCode=C3D15)
elemType3 = mesh.ElemType(elemCode=C3D10)
p = mdb.models['Model-1'].parts['Part-1']
c = p.cells
cells = c.getSequenceFromMask(mask=('[#3f ]', ), )
pickedRegions =(cells, )
p.setElementType(regions=pickedRegions, elemTypes=(elemType1, elemType2,
   elemType3))
p = mdb.models['Model-1'].parts['Part-1']
e = p.edges
pickedEdges = e.getSequenceFromMask(mask=('[#ffffffff:5 #f ]', ), )
p.seedEdgeBySize(edges=pickedEdges, size=M1, deviationFactor=0.1,
   constraint=FINER)
p = mdb.models['Model-1'].parts['Part-1']
p.generateMesh()

#MESH_part2
p = mdb.models['Model-1'].parts['Part-2']
c = p.cells
pickedRegions = c.getSequenceFromMask(mask=('[#3 ]', ), )
p.setMeshControls(regions=pickedRegions, elemShape=TET, technique=FREE)
elemType1 = mesh.ElemType(elemCode=C3D20R)
elemType2 = mesh.ElemType(elemCode=C3D15)
elemType3 = mesh.ElemType(elemCode=C3D10)
```

```
p = mdb.models['Model-1'].parts['Part-2']
c = p.cells
cells = c.getSequenceFromMask(mask=('[#3 ]', ), )
pickedRegions =(cells, )
p.setElementType(regions=pickedRegions, elemTypes=(elemType1, elemType2,
   elemType3))
p = mdb.models['Model-1'].parts['Part-2']
e = p.edges
pickedEdges = e.getSequenceFromMask(mask=('[#ffffffff:2 #3f ]', ), )
p.seedEdgeBySize(edges=pickedEdges, size=M2, deviationFactor=0.1,
   constraint=FINER)
p = mdb.models['Model-1'].parts['Part-2']
p.generateMesh()

#MESH_part3
p = mdb.models['Model-1'].parts['Part-3']
c = p.cells
pickedRegions = c.getSequenceFromMask(mask=('[#3f ]', ), )
p.setMeshControls(regions=pickedRegions, elemShape=TET, technique=FREE)
elemType1 = mesh.ElemType(elemCode=C3D20R)
elemType2 = mesh.ElemType(elemCode=C3D15)
elemType3 = mesh.ElemType(elemCode=C3D10)
p = mdb.models['Model-1'].parts['Part-3']
c = p.cells
cells = c.getSequenceFromMask(mask=('[#3f ]', ), )
pickedRegions =(cells, )
p.setElementType(regions=pickedRegions, elemTypes=(elemType1, elemType2,
   elemType3))
p = mdb.models['Model-1'].parts['Part-3']
e = p.edges
pickedEdges = e.getSequenceFromMask(mask=('[#ffdbffff #ffffff ]', ), )
p.seedEdgeBySize(edges=pickedEdges, size=M3, deviationFactor=0.1,
   constraint=FINER)
p = mdb.models['Model-1'].parts['Part-3']
p.generateMesh()
```

```
#cailiao_fangxiang
p = mdb.models['Model-1'].parts['Part-2']
c = p.cells
cells = c.getSequenceFromMask(mask=('[#3 ]', ), )
region = regionToolset.Region(cells=cells)
orientation=None
mdb.models['Model-1'].parts['Part-2'].MaterialOrientation(region=region,
    orientationType=SYSTEM, axis=AXIS_1, localCsys=orientation, fieldName='',
    additionalRotationType=ROTATION_NONE, angle=0.0,
    additionalRotationField='', stackDirection=STACK_3)
#: Specified material orientation has been assigned to the selected regions.
p = mdb.models['Model-1'].parts['Part-1']
session.viewports['Viewport: 1'].setValues(displayedObject=p)
p = mdb.models['Model-1'].parts['Part-1']
c = p.cells
cells = c.getSequenceFromMask(mask=('[#3f ]', ), )
region = regionToolset.Region(cells=cells)
orientation=None
mdb.models['Model-1'].parts['Part-1'].MaterialOrientation(region=region,
    orientationType=SYSTEM, axis=AXIS_1, localCsys=orientation, fieldName='',
    additionalRotationType=ROTATION_NONE, angle=0.0,
    additionalRotationField='', stackDirection=STACK_3)

#yunsuan
a = mdb.models['Model-1'].rootAssembly
session.viewports['Viewport: 1'].setValues(displayedObject=a)
session.viewports['Viewport: 1'].assemblyDisplay.setValues(mesh=OFF,
    adaptiveMeshConstraints=OFF)
session.viewports['Viewport: 1'].assemblyDisplay.meshOptions.setValues(
    meshTechnique=OFF)
mdb.Job(name='Job-1', model='Model-1', description='', type=ANALYSIS,
    atTime=None, waitMinutes=0, waitHours=0, queue=None, memory=90,
    memoryUnits=PERCENTAGE, getMemoryFromAnalysis=True,
    explicitPrecision=SINGLE, nodalOutputPrecision=SINGLE, echoPrint=OFF,
    modelPrint=OFF, contactPrint=OFF, historyPrint=OFF, userSubroutine='',
    scratch='', resultsFormat=ODB, multiprocessingMode=DEFAULT, numCpus=1,
```

```
    numGPUs=0)
mdb.jobs['Job-1'].submit(consistencyChecking=OFF)

mdb.jobs['Job-1'].waitForCompletion()
from odbAccess import*
from abaqusConstants import*
import sys
import os
o3 = session.openOdb(name=output)
session.viewports['Viewport: 1'].setValues(displayedObject=o3)
leaf = dgo.LeafFromElementSets(elementSets=('PART-1-1.SET-1', 'PART-2-1.SET-1',
    ))
session.viewports['Viewport: 1'].odbDisplay.displayGroup.remove(leaf=leaf)
odb = session.odbs['Job-1.odb']
session.writeFieldReport(fileName='abaqus.rpt', append=ON,
    sortItem='Element Label', odb=odb, step=0, frame=1,
    outputPosition=INTEGRATION_POINT, variable=(('S', INTEGRATION_POINT, ((
INVARIANT, 'Mises'), )), ))
```